中国设计与世界设计研究大系
中国国际设计博物馆馆藏系列

杭 间　冯博一　主编

COLLECTION

从制造到设计
20世纪德国设计

From Manufacture
to Design:
20th Century German
Design

Von Produktion bis
Gestalung:
Deutsches Design im
20 Jahrhundert

山东美术出版社

总序
包豪斯究竟为我们带来什么？

许 江

中国美术学院院长

"包豪斯"是什么？一般的观众并不了解，可对于涉足设计与建筑专业的人们来说，包豪斯是专业"ABC"。若论其影响，在我们今天的城市中举目可见。"包豪斯"其实是一个德文词，"bau"就是"建造"，"haus"就是"房子"。在德国，若问"Bauhaus"，人们会把你带到隔街的建筑商店或建造大卖场；你必须问"Bauhaus School"，德国人才知道你是在问历史上的包豪斯学校，并在脸上浮出半是诧异半是满足的微笑。

"包豪斯"确指 20 世纪初建造在德国魏玛的包豪斯学院。它只存在了 14 个年头，却声名远播。它的众多学术主张及其背后的人物故事，在设计与建造的教科书上赫然在案，几成传奇。仅在德国，它就拥有三座专门的博物馆和众多的研究机构。第二次世界大战后，包豪斯英才们参与芝加哥现代城市建设，形成历史上的"新包豪斯"。2011 年，杭州市委、市政府为了推动"设计之都"建设，为了从根本上推进"中国制造"的质量提升，斥巨资支持中国美术学院收藏了包括数百件包豪斯艺术家设计原件在内的 7000 余件国际设计艺术藏品。这次推出的"中国设计与世界设计研究大系"丛书，正是对包豪斯这个设计思想与艺术的富矿进行系统梳理和介绍的学术工程。面对如此巨大的财力和物力投入，有人不禁要问：包豪斯究竟可以为我们带来什么？

首先，包豪斯将为我们带来某种根源性的变革思想。包豪斯不大，却是思想的熔炉。在中国美院包豪斯临时展馆的入口，立着一幅放大的木刻，刻划着一个典型的德国梭形拼切的殿堂。这幅包豪斯教师费宁格的力作，是包豪斯宣言的写照。1919 年 3 月 20 日，格罗皮乌斯在《包豪斯宣言》中起誓："建立一个新的设计师组织，在这个组织里绝没有那种足以使工艺师与艺术家之间产生壁垒的职业阶级观念。同时我们要创造一栋建筑、雕刻、绘画三位一体相结合的新的未来殿堂，并用千百万艺术工作者的双手将之矗立在云霄高处。"宣言揭示了包豪斯学院极具前瞻性的纲领：艺术与技术结合，手工与艺术并重，创造与制造同盟。这种未来殿堂的呼唤使得包豪斯学院本身成为一种理念，一个新思想的源头，一场撬动历史的艺术运动。今天，包豪斯的宣言似乎尽人皆知，但其精神的传播与建构乃至实现，却依然有长路要走。

包豪斯也将为我们带来基础性的美学思考。包豪斯学院正是以富于挑战和开拓的变革精神创造了 20 世纪最早的趋向大众的设计文化。重视材料的变革，重视结构的素美，进而塑造出简约的倾向。"少即多"的构成思想，推进了机械美学的标准样式；倡导工业设计的大众灵魂，标示着美学变革的乌托邦理想。有人说，今天我们需要乔布斯，不需要包豪斯。殊不知苹果手机薄壳导线触手怡心的美感，其根源正源自"少即多"的思想及其近一个世纪以来给予世人的身体感性。▨

包豪斯还将为我们带来变革性的教育思考。包豪斯学院一方面重视思想的开放与碰撞，另一方面重视手工的训练与磨砺。学院建造众多的车间，学生在这里进行实材的劳作，培养心手合一的上手思想，从而理解建造的美感内涵，促进大胆的变革创新。30年前，中国设计艺术教育流行巴塞尔设计学校的素描教学，而那个教学系统的源头，正是当年包豪斯学院伊顿教授的教学方案。这个悠长的基础教学变革之链一再让我们溯流而上，感受当年包豪斯基础教学的广阔视野和灵修内涵，并为今天的职业分科教学的切割与浅见而倍感忧心。▨

包豪斯是一个神秘的包裹，一个普世的思想的工具箱。1945年，格罗皮乌斯在美国芝加哥发表"重建社区"的演讲，他强调建筑与社会、政治、教育无分割，社区的规划务在培育"社会土壤"，城市的改良应首先从邻里社区中心开始。格罗皮乌斯宣誓的那个"未来殿堂"经历着历史的深刻变化，也改变着我们周遭的世界。▨

2014年8月21日

PREFACE

WHAT EXACTLY CAN THE

BAUHAUS BRING US?

Xu Jiang
President of China Academy of Art

What is the Bauhaus? The answer may be unclear to the general audience, but it is among the professional "ABC" for those people setting foot in design and architecture majors. The influence of the Bauhaus can be seen everywhere in our cities today. Actually, Bauhaus is a German word in which "bau" means "to build" and "haus" stands for "house" . If you ask about Bauhaus in Germany, you will be led to architecture shops or marketplaces nearby. Only by asking about the Bauhaus School will the Germans, with a half surprised and half satisfied smile on their faces, understand what you are interested in is the historical school of Bauhaus.

Properly speaking, the Bauhaus refers to the Bauhaus School founded last century in Weimar, Germany. Although it only existed for 14 years, it today enjoys a widespread reputation. Most of its ideas and the associated stories of its key figures are among the legends of history being used in the textbooks of design and architecture. There are three museums and a great number of research institutions of the Bauhaus in Germany. After World War II, the talents of the Bauhaus participated in the modernized construction of Chicago, which formed the "New Bauhaus" in history. In 2011, in order to push forward the construction of the "Design Capital" and fundamentally improve the quality of "made-in-China" productions, the Hangzhou Municipal and the Hangzhou government provided the China Academy of Art with a huge investment to acquire some 7,000 pieces of systematic collections of international design works, including hundreds of the original works created by the artists from the Bauhaus. The Bauhaus exhibition and its book series provided at this time are the academic project of systematic integration and introduction for the design ideas and art. With so many material and financial resources invested, some people may ask: What exactly can Bauhaus bring us?

First of all, the Bauhaus will bring us a certain kind of fundamentally innovative idea. Though the Bauhaus was not large, it was the catalyst for the melding of thoughts. At the entrance of the Bauhaus Museum at the China Academy of Art, there stands an oversized image, a woodcut of a typical German rhombic cathedral, which is a reflection of the Bauhaus declaration made by the Bauhaus master Lyonel

Feininger. On March 20, 1919, Walter Gropius vowed in The Bauhaus Declaration that "We are to set up a new designers' organization, in which no sense of occupational hierarchy between craftsman and artist exists. We will build a "Future Palace" to combine architecture, sculpture and painting at the same time, and take it to the top of the world through hundreds of thousands of art workers. " This declaration reveals the guiding principle of the Bauhaus to combine art and technology, emphasizing both handcraft and art, and uniting creation and manufacture. The eagerness for the future palace makes the Bauhaus an idea, a source of new thought, and an artistic movement to change history. It seems that the declaration of the Bauhaus is known for all today, but the spread, construction and realization of its spirits still have a long way to go. ▨

In addition, Bauhaus will bring to primary and fundamental aesthetic thinking. The Bauhaus School created the earliest design culture for the public with its challenging and reforming spirit. The reformation of the approach to materials and beautification of the structure was/is emphasized to create a movement toward simplification. The idea of "less is more" in construction pushed forward the standard of the machine aesthetic, advocated the soul of the industrial design and marked a new Utopia of aesthetics. Some people say that we need Steve Jobs today instead of Bauhaus. However, what they do not know is that the beauty of iPhone's thick shell with comfortable tactility is basically originated from the idea of "less is more" and people's aesthetics have actually been formed through the physical experience brought by the products created under the influence of this idea. ▨

What's more, the Bauhaus will give rise to revolutionary thinking for education. On the one hand, the Bauhaus paid attention to the openness and impact of thoughts. On the other hand, it empathized with the training and practices of handcraft. The students did material work and trained toward unification of body and heart to understand the meaning of construction and to make dauntless creations in the numerous Bauhaus workshops. The sketch teaching of the Basel Design School was popular in the design education of China thirty years ago, while the origin of the educational system was from the education plan of Johannes Itten, a master of Bauhaus. The revolution in primary education takes us back to the Bauhaus era to see its broad perspective, spirituality and cultural connotation of primary education. It also makes us worried for the predominant departmental teaching and the improvidence inherent in the separation and disconnection within occupational education. ▨

The Bauhaus is a mysterious package and it holds a toolbox of universal thoughts. In 1945, Walter Gropius presented a speech on "community restructure" in Chicago. He stressed that there was no segmentation for architecture, society, politics and education, and that community planning should start from cultivating the "social soil", while the improvement of the city should start from the nearby community centers. The "Future Palace" that Gropius mentioned is experiencing profound changes and is changing the world around us. ▨

序 I
借鉴与反思
PREFACE I
LEARNING AND REFLECTION

乐正维
何香凝美术馆副馆长

"从制造到设计——20世纪德国设计展"是何香凝美术馆与中国美术学院合作，首次将中国国际设计博物馆藏的德国设计原作带到深圳展出的大型项目。该展览是何香凝美术馆在2013年末2014年初所举办的最重要的展事活动。作为对所在城市发展和定位的回应，何香凝美术馆一直积极推动着中国与国际设计界的交流。继推介荷兰、芬兰、丹麦的设计，以及探讨设计与艺术交叉的展览后，此次设计展将是对20世纪德国设计发展历程的梳理。■

作为现代设计发轫之作的德国设计，一战后也曾面临过成为"粗制滥造"代名词的窘境。战后，德国特别重视改进产品的质量和设计。该展览从这个历史背景开始，梳理了德意志制造同盟时期、包豪斯时期、纳粹时期、二战后等德国设计发展的各个阶段，展示了设计史上的经典之作。为了让历史研究更加形象和普及，中国国际设计博物馆的研究者通过几个月的考证和梳理，以丰富的设计故事和制造案例等史料使藏品的展示更立体而生动。同时，这些史料也能让观众了解当时设计师与制造商的合作互动。"从制造到设计——20世纪德国设计展"以藏品原作和文献的结合展示，向观众传达出这样一个启示：设计改变了德国产品的形象，甚至影响了世界。■

借鉴与反思正是我们举办这个展览的初衷。深圳在2008年摘得联合国教科文组织"设计之都"的桂冠后，逐渐发展成中国设计领域的核心城市。我们希望通过博物馆、美术馆在设计史研究、展示和公共教育方面的功能，为深圳方兴未艾的制造业、文化产业提供思考德国制造和设计经验的契机，并推动其反思打造"深圳质量"，将"中国制造"向"中国创意"升级。因毗邻广州、香港、澳门的特殊地理位置，深圳正逐渐成为珠三角地区设计经验和设计教育交流的中心。在"创意十二月"丰富的展览活动中，我们期待这个展览不仅能为大众提供设计样式的鉴赏，更能激发深圳所聚集的设计先锋、庞大的设计从业者、设计院校的专家和学生们对于设计思想和历史的思考和讨论。■

序 II
作为思想源泉的德国设计
PREFACE II
GERMAN DESIGN AS A SOURCE
OF THOUGHTS

杭间　冯博一

2012 年，与乐正维馆长商谈"包豪斯"这批藏品去深圳展览事宜，我们不约而同想到了"德国"和深圳"十二月"的关系。■

我们认为，作为一直站在"当代艺术"前沿的何香凝美术馆，来做这样一个设计史性质的展览，不仅是因为中国美术学院那份独特的机遇，拥有这样一批独一无二的、堪称亚洲一流的西方现代设计藏品，更重要的是认识上的：作为中国"现代性"的重要参照物，20世纪德国的制造与设计，对我们有着非常的意义——那些物质创造背后是社会和生活，是人工制造经由一种特别的渠道（技术的、产业机制的、使用的、作为礼物的）的流通，这个过程，正是后现代思想家发现的"日常生活审美化"。从某种意义上说，当代艺术的所有重要进展都是日常生活的批判和重新发现，这也是当代艺术的形态越来越离开传统"美术"而趋向综合的"设计"的原因。■

德意志制造同盟的价值，在于现代工业背景下"民主"思想在生活领域的新拓展。它在19 世纪由"工业"取代"手工业"几乎成为真理的时候，提出了要以"人"的需求为出发点，来解决日益膨胀的技术与人性之间的矛盾，"标准化"的背后不仅仅是批量生产的需要，还是"廉价"的关怀和四海之内的"方便"。包豪斯甚至重新定义了艺术与社会的关系，并希望通过艺术与工艺的结合探索艺术改造社会的途径，经过文艺复兴以后，在"美术"越来越专业化的欧洲，还有什么运动比包豪斯更具有"革命"色彩？因此，从某种意义上说，德国设计所具有的"先锋性"与何香凝美术馆的当代艺术使命十分吻合。■

另一方面，深圳的"十二月"是国际设计师云集的时间，作为联合国科教文组织认证的"设计之都"，深圳各界在年度最后一个月里推出诸如国际建筑双年展、深圳设计论坛、深圳平面设计师协会年度活动以及大大小小的专业设计展无数，在国际上具有广泛影响的香港设计营商周暨亚洲最有影响力的设计奖的评选也在此时举行，12 月的深圳是全球设计师的聚会之地，深圳的 12 月是中国产业界与设计界讨论合作关系的重要时刻。■

中国美术学院院长许江曾经用"我们收藏的不是藏品，而是思想"来评价由杭州市人民政府引进的交给中国美术学院管理的"包豪斯及欧洲近现代设计"原作收藏的意义，他并进一步说："虽然包豪斯的作品已老去，但是我们引进的不仅是藏品，也是'中国制造'的思想库。"在"中国制造"向"中国创造"的转变中，以"思想库"来评价这次在深圳的"20世纪德国设计展"同样贴切。众所周知，对于发端于工业革命基础上的"现代设计"，中国是一个后来者，在 20 世纪的一百年中，我们没有赶上奠定今日生活方式和产业格局的那些欧美制造原创，因而在改革开放后向西方学习和追赶的过程中，我们不知一件物品在西方制造系统中的来龙去脉，而产生了许多"拿来"和"山寨"，这一点在珠三角和长三角地区的制造业中尤其突出。设计师们都清楚，一个创新设计，只有在知其所以然也就是在明晰历史发展的因果和对经典的批判中，我们才有更高的出发点，才有真正的"创新"。德国设计中的观念、产业合作经验、教育体系以及那些著名的教师和设计师的成就是世界设计史中历久弥新的思想源泉。我们想，这就是这个展览与深圳"十二月"的关系。■

感谢许江院长和乐正维馆长的全力支持，也感谢张春艳和苟娴煜两位策展人的辛勤劳动，更要感谢何香凝美术馆、中国美术学院包豪斯研究院和中国国际设计博物馆的工作人员和研究生们的努力工作，感谢赵广超老师和他的文化设计工作室，感谢袁由敏老师和他的团队在视觉设计方面的贡献，感谢著名设计师毕学锋在艺术衍生品设计上的别出新意。■

目录 CONTENTS

从制造到设计——
20世纪德国设计

FROM MANUFACTURE TO DESIGN:
20th CENTURY DESIGN

张春艳

为什么要选取设计制造作为主题？

在产业结构急需改革的当下，"中国制造"面临着前所未有的挑战和机遇，设计制造正处于量变到质变的关键转折期。"十八大"之后，产业园区、设计公司和设计人才的数量都达到了历史高峰。中国的目标是成为工业大国，然而目前工业化程度却并不高，专业分工社会合作的产业链不成熟。从这方面讲，中国不是"制造大国"，而只是"加工大国"。中国企业进军海外市场，即使与德国竞争者技术实力相当，也会在品牌方面败下阵来。可见设计制造不仅仅是物的对象化加工。反观德国设计概念的发展过程，设计是把工业社会的现代化看作是塑造人和社会的整体性工程，而制造业的发展则只是这一社会工程的丰硕成果之一。■

德国在 1871 年才正式统一，并在 20 世纪经历了两次世界大战的沉重打击，然而这个年轻的民族国家却创造了两次经济文化迅速复苏的奇迹。德国制造并非一蹴而就，在工业发展初期，德国产品曾经被欧洲邻国所不屑，当时也曾是"外观粗笨、价格低廉、质量低劣"的代名词。然而在短短的半个世纪里，德国制造一跃成为"高品质"和"畅销"的代名词，德国也跻身世界最强的经济体之列。在设计制造方面，德国在 20 世纪所面临的问题多少与当今的中国类似。回顾和反思德国设计制造曾面临和解决的矛盾，对正处于转型关键期的中国制造而言，可谓裨益良多。■

德国设计制造的经验很难一言以蔽之，历史经验也无法照搬照抄，中国所面临的问题无法单纯从西方设计史中找到答案，因为中国一方面经历着德国经历过的工业发展初级阶段的结构调整等问题，另一方面却又和所有国家一样面对着全球化、数字化和媒介化所带来的新问题。因此，研究和展示 20 世纪的德国设计制造，不是重播经典的历史叙述，而是在这些第一手资料中发掘某些被忽视，但又可能对当代社会的新问题有所启示的线索。■

纵观以往的设计展，多是突出设计风格形式或是设计技术与功能，观众看到的是一个个明星般的设计、一件件艺术品般的设计产品。而本次展览的主旨则是通过挖掘设计和制造的具体历史来展示设计观念与生产背后的社会学内涵。因此，在展览标签中，观众看到的不只是设计师的鼎鼎大名，还有制造商的历史，以及设计师的设计思维是如何与使用者、制造者进行互动的，展览中的文字也会从使用者、设计者、制造者等不同的角度来叙述。在陈列中，设计品不再是孤独地立于聚光灯下，展览通过产品、产品说明书、产品宣传册、相关艺术作品、工业摄影等时代影像以及学术文档等研究性展示，来共同述说设计和制造的一个个故事。■

现代性中的设计和制造

"Design"这个英语词在二战后才进入德语，在此之前"设计"这个概念从威廉·莫里斯（William Morris）等人在 1880 年代所说的"kunstgewerbe"（手工艺），发展到 1920 年代的"gestaltung"（塑造，英文译为 shaping）和"formgebung"（造型，英文译为 form-giving），最后才逐渐形成了成熟的概念——设计（design）。欧洲的设计文化及其相关的工业和商业则早在战前就已经开始成形了，而德国往往被看作是推动"设计"一词获得现代意义的源头。[1] ■

现代设计是在工业化大生产中应运而生的。"制造"一词在古拉丁文中即手工。现代意义上的制造（manufacture）特指工业化的大规模生产。在工业革命之前，制造都是通过手工艺的形式来实现，在物的技术化过程中制造与设计二者也是一体的。而两次工业革命之后，现代意义的"设计"和"制造"方才出现，制造也因此成为了"设计之后的制造"。正是在技术和大生产的鼓舞下，19 世纪下半叶的欧洲人极其乐观地相信：一切都是可以制造的。■

马克·第亚尼（Marco Diani）曾经说过：设计一向处于主导我们文化的两极之间，一极是技术和工业现实，另一极是以人为尺度的生产和社会乌托邦。德国设计在 20 世纪上半叶的发展是基于一个现代性的理想，其中包括了一个年轻的民族国家培养新型公民和建构民族认同的目标。比如 1900 年前后出现的"住宅机器"这样的概念，"机器"一词并非简单地规定制造品的使用性，而是指广义上的功能——社会造型，其中蕴含着美学、社会学和乌托邦的目的。[2] ■

德国当代哲学家哈贝马斯（J.Habermas）将"现代性"（modernity）称为"尚未完成的工程"。[3] 他认为现代主义与现代性是密不可分的。可以说，现代主义设计如果仅仅作为美学与生产方式，那么即使在纳粹这样的集权政体中它也能畅通无阻（纳粹恰恰是将美学应用于政治的高手），而这种美学的主流地位在 20 世纪末被逐渐取代，建立在福特主义、标准化和机械化基础上的以生产为导向的设计也转向了具备灵活生产方式并以信息技术、数字化及消费为主导的设计生产。相反，我们在 20 世纪的德国历史中看到，当设计在现代性的进程中被作为社会模型的文化实验时，它是与民主社会共生的。这也是纳粹只能部分地接受现代主义设计的根本原因。■

现代性可以追溯到欧洲的启蒙运动，是人的主体性自觉与理性化社会的漫长探索过程。从这个意义上说，现代设计或者说是现代主义设计依然是"尚未完成的工程"。从 1920 年

1. Jeremy Aynsley, Designing Modern Germany, Reaktion Books, 2009.P9

2. 汉斯·彼特·霍赫著，《产品形态历史:德国设计150年》，斯图加特对外关系学会,1985年, P18

3. J. Habermas, Modernity: An Unfinished Project,1982

代的魏玛共和国到战后的德国，政治民主化实验与日常生活方式的革新都与现代主义设计的发展密不可分。■

设计制造之路

现代设计是在对制造的研究过程中产生的。从现代意义上来说，制造的前提是设计，而设计是为了制造。■

现代设计形成的因素还包括学校、博物馆、出版和设计专业机构以及民主制度下的文化结构，而这些其实在 19 世纪晚期至 20 世纪早期的历史时期中才得以形成。正如尼古拉斯·佩夫斯纳（Nikolaus Pevsner）所说，促使设计形成的基础是 1880 年代开始在比利时、英国和法国生成的一些观念，但最终使设计概念得以确定的则是迅速吸收这些观念之后的德国。[4] ■

但为何现代设计概念最终是在德国确立，而非工业改革的领头羊英国？英国的文化界在一开始对工业化社会持批判态度，即使在以威廉·莫里斯为代表的工艺美术改革者眼中，批量生产都被视为一种分离手工业者和手艺的异化方式。因此威廉·莫里斯倡导的工艺美术运动和后来的新艺术运动并没有从根本上解决艺术与技术的冲突问题以及设计和制造的结合问题。而德国人却发现工业革命是生产关系的重组，本质上是为大众服务，大工业前提下的设计制造实质上是塑造社会的大工程。正是在这种观念的激发下，德国设计和制造发展获得了巨大的动力。1899 年成立的达姆施塔特艺术区（Künstlerkolonie Darmstadt）中的设计师型艺术家最早开始实践总体性的设计理念；1907 年成立的德意志制造同盟（Deutscher Werkbund）通过联合社会的文化、经济和政治力量形成的一体化平台，来促进艺术与工业、设计和制造的联合发展（35 年后欧洲各国纷纷成立了这类机构）；1919年成立的德国包豪斯学校则以更加国际化的视角，通过教育实验将设计作为社会工程的有效工具。很快，德国制造就令英国这位老大哥感到了威胁。■

在 20 世纪的德国历史上，设计制造的发展是一个不断解决矛盾的过程。这其中的矛盾是在社会生产、物质文化、文化认同以及生活方式变迁等诸多复杂要素中产生的。产品不只是技术、功能和商业的产物，而是具有时代文化特征的一般生活环境。本书中大部分藏品是 20 世纪德国设计和制造发展史上的坐标，它们见证了德国不同阶段的设计思维、生产方式，以及人们的生活方式和政治经济状况。通过还原从制造到设计的历史，方能突破纯设计史的局限，揭示出生活和设计的关系。■

手工艺与制造

手工艺是在"职业设计"正式形成之前的设计，因此手工艺可以说是"设计"之前的设计。■

手工艺与制造之间存在着早期的工业大生产无法达到传统产品审美标准的矛盾。传统产品的审美标准是文化体系中的经典艺术和传统手工艺制定的，而机械化初期的工业产品生产考虑的主要因素却是技术。这就是那个时代的精英们都专注于技术与艺术相统一问题的原因。欧洲的工艺美术运动和新艺术运动都在工业化大生产的冲击下尝试达到艺术与技术的统一。为此，改革者们从手工艺中汲取灵感，企图将艺术融入到设计制造中去，他们因此成为了现代设计的先驱。■

4. Nikolaus Pevsner, Pioneers of Modern Design from William Morris to Gropius , Harmondsworth,1964. P39

达姆施塔特艺术区——德国新艺术运动的中心，最早开始尝试将技术与艺术统一。黑森州的恩斯特·路德维希（Ernst Ludwig）大公建立该艺术区的初衷是通过艺术来推动该州工业的发展。艺术区招募了各国的"设计师型艺术家"，成为这些艺术家的生活社区、设计工作室、设计艺术品的展厅，以及制造商洽谈会所的综合体。德国新艺术运动的先驱创造了特有的青春风格，将手工艺对于材料、工艺和图案方面的认识有节制地融入到了设计品中，这种方式迅速地被工业界接受并在产品上得到批量生产。正是由于艺术家面对批量化生产的要求，他们的风格才慢慢转向了更加简洁的、几何化的形式。然而相较于当时一般的工业产品，这些审美价值高而工艺复杂的设计品仍然价值不菲，其销量在一定程度上也仰仗艺术家在传统文化价值体系中的地位。此时设计的推广方式，也主要是以手工艺作品的名义参加艺术展览。手工艺还是无法通过大生产达到真正服务大众的目的。▧

1902年开始，青春风格的领军人物（同时也是达姆施塔特艺术区的艺术家），如亨利·凡·德·维尔德（Henry van de Velde）、约瑟夫·马里亚·奥布里奇（Joseph Maria Olbrich）、彼得·贝伦斯（Peter Behrens）等人，在"造型"观念的指引下转向了应用艺术。他们认为"造型"不应当局限于艺术范畴，而是应该消弭艺术与生活的隔阂。[5] 感知被看成是联结艺术与生活的关节点，人的感知受到所有的形态和色彩关系的影响，而这一切构成了教育人的社会整体环境，所以社会环境的"造型"成了划时代的任务。艺术家们把建筑园林、生活用具、雕塑绘画的视觉要素全都通过设计进行统一，从而建构了一个整体的栖居环境。这些艺术家所秉持的社会"造型"总体性观念影响深远。1925年，在巴黎举办的"现代艺术装饰博览会"上，德国设计师的作品向世界展示了德国的"总体艺术"的设计观念，获得很大反响。"造型"观念最终引导设计走出了手工艺作坊，走向城市空间，引导设计进入私人领域，之后还促成了城市规划等公共领域设计的发展。"造型"因此成为了现代"设计"概念的前身。

到1920年代为止，以赫尔曼·穆特修斯（Herman Muthesius）为代表的理论家也一直坚信社会"造型"的理想，认为设计是建立在民族时代精神的超个人作用之上的。穆特修斯成立德意志制造同盟的初衷是建立生产制造者和设计行业的伙伴关系，从而推动德国公司在全球市场的竞争力。不同于当时其他的行业联盟，德意志制造同盟在社会"造型"观念的基础上，卓有成效地把当时艺术界、企业界、理论界、建筑界以及政界的力量和组织串联在一起，大大推动了德国设计制造的发展。通过制造同盟的推动，艺术家开始为企业设计整体形象，从公司标识到宣传品，都和产品保持着统一风格。彼得·贝伦斯和德国通用电气公司（AEG）就是这类合作的代表。▧

德意志制造同盟对现代设计观念的推广并未导致其倡导的现代设计风格成为主流。当时市场上兼容了各种风格，柔软的和刚劲的，洛可可的和构成派的，日本的和欧洲的，功能性的和表现性的。从当时的德国邮购目录上可以看出制造商、消费者的品味和选择五花八门。1914年德意志制造同盟内部曾经发生过关于设计中标准化生产和个性化创造的优先性的论争，影响深远。1917年成立的德国工业标准组织（German Industrial Standards Organization）陆续发布了各类官方工业标准，而纳粹时期德国则出现了大规模的标准化运动。[6] 但是将这种观念真正地渗透到制造乃至日常生活中，仍然还有很长的路要走。▧

5. 汉斯·彼特·霍赫著，《产品形态历史：德国设计150年》，斯图加特对外关系学会，1985年，P35

6. John Heskett, Design in Germany 1870–1919, Trefoil Publications Ltd, 1986.P30

一战战败与通货膨胀加速了德国社会的技术现代化和自由主义政治的改革。因此，1920年代，激进的实验与改革在德国文化中日益突出。各种新宣言、新原则都在宣告着设计的创新和理想，文化实验也导致了激进的生活方式革新运动。设计则成为了定义新生活的最具实验性的要素。■

1920 年至二战期间的现代化生活，除了现代主义风格的家具成为时尚之外，还包括了城市化，城市人口持续膨胀，中下阶层的劳动者随之增加。私人空间自从 19 世纪末与公共领域分离后，获得了前所未有的关注，私人空间的理性化体现在家庭的财务、烹饪、装饰、儿童教育、卫生保健等方面，家庭管理也首次被看成是一门科学。[7] ■

德意志制造同盟展开了城市理性规划模型和标准化家庭公寓的实验，并多次举办展览推广新人居观念及相关的新技术。位于魏玛的包豪斯学校继承了前辈们的"造型"理想，将民众的生活理解为合理组织的生活，合理化应表现在全部生活中，从城市建筑到餐具，客观世界的一切造型都应该遵循这一原则。包豪斯认为文明是一个组织过程，从都市规划到设计汤匙没有本质区别。[8] 包豪斯的理想体现了 1920 年代的现代主义设计师从战前的民族主义视角转向了更加国际化的语境和野心。■

包豪斯不仅是现代主义设计的实验基地，更是一场现代教育的实验。在包豪斯的圆环形课程结构图的中心，是"building"一词，它能成为包豪斯教学理念的终极核心，并不是因其"建造"本身的这种字面意义，而是实践与实验。这个"实验室"由不同性质的工坊组成，包豪斯的理想正是在这些实验室中得以实践的。包豪斯通过基础课程和工坊制将"实验"带入到设计课程中，这成为了现代艺术教育史上最具原创性的里程碑。当时教授新设计的学校，除了包豪斯，还有北部的吉彼申登堡（Giebichenstein）艺术学校、慕尼黑的德国书籍设计职业学校。商业化的学校有柏林的莱曼学校（Reimannschule），教授时装、平面插图、零售业橱窗等设计。[9] ■

理性化是当时制造对于设计的必然要求，战后物资贫乏，生存就必须提高产能和产品的利用率。沃尔特·格罗皮乌斯（Walter Gropius）强调：创新不是以物品为任务而是以"生活过程的创新塑造"为最终目标，创造活动的目标不是物品而是功能体系。这种理想具体化在设计中，成为了推动"标准化"的设计实验。1923 年起，格罗皮乌斯从强调"共同体、手工艺和建筑"转为主推"类型、功能和工业"，而类型（type）则是设计的标准化和理性系统。在这样的体系内，单件物品不再重要，取而代之的是没有个体独立性的整体构成部件。结构主义和风格派等先锋艺术对于设计的理性化起到了重要作用。设计将机器作为新能源，这种统一意味着计划生产、数学几何以及材料计算和经济。这种"纯理性的艺术"在造型中被解析为基本元素：点、线、面、节奏的形式、色彩、范围、位置以及方向，而这些基本元素恰恰适应了标准化大生产的特点，便于机械复制。■

1920 年代到二战前的德国现代设计制造，除了激进的现代主义，还包括了设计师和制造商企图融合本土传统与国际现代主义的尝试。这一类融合设计产品往往在市场与展览中更易于被人接受。当时的文化中心城市魏玛对不同艺术方向都持开放的态度，传统与现代、东方与西方都融合在家居设计中，尤其体现在东方风格、表现主义和现代装饰元素的综合

7. Jeremy Aynsley, Designing Modern Germany, Reaktion Books, 2009.P96

8. Hans M. Winger, The Bauhaus: Weimar Dessau Berlin Chicago, Cambridge, 1976.P33

9. Jeremy Aynsley, Designing Modern Germany, Reaktion Books, 2009.P118

10. Jeffrey Herf, Reactionary Modernism: Technology, Culture and Politics in Weimar and the Third Reich, Cambridge, 1984.P45

运用。[10] 出于市场的原因，像保罗·布鲁诺（Paul Bruno）这类较早成名的设计师并未完全采用现代主义设计，作为一个传统主义者可以维持其设计品的销量。一些历史悠久的瓷器玻璃生产商，如麦森（Meissen）、德雷斯顿（Dresden）和皇家瓷器厂（KPM，一战后更名为国家瓷器厂），在生产现代主义风格产品的同时，也坚守部分的传统样式，以证明自己是重要的传统延续。■

设计与政治

20 世纪上半叶，德国经历了最为复杂的政治动荡——内战、革命、分裂、独裁，我们可以看到政治是如何对设计思维和制造特征产生影响的，而更重要的是，设计和制造又是如何反过来影响了政治和意识形态。这种双向影响在纳粹时期的设计制造历史中显得尤为突出。纳粹时期的独裁政治介入了社会的各个方面：艺术与设计、商业与工业、公共空间与私人生活。这与"总体艺术"介入方式的类似并非巧合。总体性的"造型"观念曾经推动了德国设计的发展，促成了生活方式革新运动，以及德意志制造同盟这样的综合性大平台，但这种思想的膨胀与集权型景观社会的形成也不无关系。■

这个时期，国家机器对于表现主义和个人主义艺术的压迫迫使设计师不能像过去一样作为明星化的个人出现，德国文化被作为一个整体统一的形象推向了世界。纳粹通过总体设计如海报、手册、传单、制服、电影等美学手段所建立的景观社会，无形中把纳粹哲学植入了选民的意识中，从而获得德意志民族的身份认同。■

对于现代主义设计，纳粹并未全面禁止，而是有选择地反对，也可以理解为有选择地接受。

11. Jeremy Aynsley, Designing Modern Germany, Reaktion Books, 2009.P67

德国民族保守主义和文化消极主义把文化衰落归因于国际主义现代主义的入侵，对于堕落（Entartung）的恐惧也来源于对于从魏玛共和国发展起来的消费驱动型文化的警惕，美国的时尚、民主政治和消费文化这些统统被打包在一起，受到第三帝国中保守主义精英的抵制。[11] 为了推动德国式的民族主义文化，大力批判非德国式的文化，1937 年纳粹政府举办了"堕落艺术"展览,宣告现代主义艺术与设计的实验在德国灭亡。代表国际性倾向的"新建筑风格"和包豪斯被纳粹批判为非德意志的、布尔什维克的风格。堕落艺术展中的大部分设计师和艺术家都像简·契肖尔德（Jan Tschichold）一样先遭关押，而后伺机逃亡他国。只有加入帝国文化院（RKK）的设计师，才能成为帝国文化议院的成员，也才有从事建筑或设计实践的权力。因此，许多无法加入帝国文化院的设计师，要想继续从事设计就只能移民国外。这一政策导致许多制造同盟的设计师失去了工作。制造同盟成为了当时设计文化自由的晴雨表。一些选择了妥协的制造同盟设计师还是获得了成功，如理查德·里梅尔施密特（Richard Riemerschmid）仍选择继续担任制造同盟慕尼黑分部的负责人，而约斯特·施密特（Joost Schmidt）曾为第三帝国设计展览，并于 1934 年与格罗皮乌斯合作设计了柏林的金属制品展"Deutsches Volk Deutsche Arbeit"。另外，赫伯特·拜耶（Herbert Bayer）作为独立设计师，他的设计方法也与官方展览成功地结合在了一起。希特勒本人由于对古典主义的偏好，往往任用忠于传统的艺术家、设计师和建筑师。贝伦斯在 1936 年将主要的建筑业务从维也纳转回到德国，并且接受了纳粹政府的委托，设计了许多新古典主义建筑。[12] ■

12. Joan Campbell, "The Founding of the Werkbund", in The German Werkbund : The Politics of Reform in the Applied Arts, Princeton,NJ,1978, P51

但与这些政治表面不同的是，纳粹实际上在推动新的设计价值方面尤为高效。纳粹政府采

13. Joan Campbell, "The Founding of the Werkbund", in The German Werkbund : The Politics of Reform in the Applied Arts, Princeton,NJ,1978.P52

用特有的"一体化"(Gleichschalfung)政策来控制社会的各个方面。这原本是以德意志制造同盟为代表的文化联盟形式,却被纳粹转化为有效的政治手段。可见,1933 年之前的纳粹世界观(Weltanschauung)已经与制造同盟的原则非常一致。[13] 因此,即使制造同盟在 1938 年被纳粹解散了,该组织的观念和成员仍然影响着第三帝国的文化政策。■

纳粹对于现代主义设计的选择性接受体现在工业生产中,对于现代设计中的标准和功能需求,纳粹是开绿灯并大力推行的。从这个意义上说,现代主义设计的理念与纳粹的实践并不矛盾。纳粹清楚地认识到理性主义和标准化对于德国工业制造的根本性变革。德意志标准委员会在 1926 年采用的德国工业标准为德国制造奠定了高效理性的基础。这是西方国家最大规模的国家标准化运动,通过行政手段,如各种政府设计部门和标准化法规,推行标准化和一体化设计,某种程度上实现了包豪斯的标准化理想,推动了大批量生产,提高了经济产能。通过修路、铺铁轨和重工业产品制造,同时减少塑料与轻金属的进口,并且保护手工艺传统行业,德国不仅得以重建,而且要比以往任何时候都强大。纳粹的政策倾向于技术和经济上的功能主义,当然这种功能主义也大大增加了军工制造的能力。■

德国保守势力对现代主义选择性地接受,在技术创新和提高产能的方面去推行现代主义设计制造的相关理念,而将现代性中核心的民主政治理念剔除了,这种民主理念被看成是现代民主社会的基础。一些设计制造界的精英用熟稔的设计手段和制造技术充当了现代主义和纳粹极权之间的调和剂。■

系统化与国际化

二战时期的政治形势,迫使许多著名的德国设计师移居国外,如卢西安·伯哈德(Lucian Bernhard)、路德维希·米斯·凡·德·罗(Ludwig Mies van der Rohe)迁往美国,格罗皮乌斯迁往英国,汉内斯·迈耶(Hannes Meyer)迁往苏联。这是近现代最集中的一次设计师迁徙,使"德国设计"突破了地理边界。这次"设计移民"表面上是设计人才的外流,实际上这些移民设计师在设计教育和实践的活动中,将"德国设计"的价值观推向了国际。■

战争不仅导致了"设计移民",也使许多制造商及其资本产生了国际流动,这些制造商继续致力于推广德国现代主义设计。如德籍家具制造商汉斯·诺尔(Hans Knoll)于 1937 年移民美国,诺尔家具公司购买了瓦西里椅子、巴塞罗那椅等著名的现代经典设计版权,并曾在美国现代美术馆举办"有机设计"展览。在战争结束后,这些已经在美国等地站稳脚跟的原德国制造商和设计师又回到德国开设分支机构,推动了德国设计制造的国际化。1951 年,为了重新占领欧洲市场,诺尔又在斯图加特建立了子公司。德国现代主义设计在游历了世界之后,终于又回到了它诞生的地方,但它已经和 1920 年代时有很大的不同。德国设计制造的国际化还体现在设计机构合作的新模式上。1952 年,达姆施塔特"新技术设计研究院"(Darmstadt Institut für neue Technische Form)成立,与附近的法兰克福国际商贸展览合作,建立了设计与技术、本土制造与国际市场的紧密联系。同样类型的设计机构在德国各个城市也纷纷建立。■

二战以后,德国被分为东西两个部分,分别成立了联邦德国(西德)和民主德国(东德),两个国家都面临着物质重建和文化重建的双重问题。1958 年布鲁塞尔世博会上,德国馆展示了西德的民主形象，展览并未把经济成就作为重点，而是用现代主义设计作为新德国的形象代言，向世界宣告一个国家与民族的新生，让对德国怀有敌意的消费者重新接受德国产品。■

1950年代开始，西德的制造业带动经济迅速发展，家用电器产量远超邻国，如德国的冰箱年产量比法国与意大利加起来的产量还多，吸尘器则是它们的四倍。[14] 这一发展与1947年美国在西德实施的马歇尔计划有关，然而伴随资金流入德国的还包括了美国的设计、建筑和生活方式的推广计划。这也意味着德国设计在走向国际的同时，也面临着国际化带来的种种文化冲突，这集中体现在了乌尔姆设计学院（Hochschule für Gestaltung, Ulm）的兴衰历史中。此外，德国主流设计在战后越来越强调系统和科学的分析，而这种系统化也是从乌尔姆设计学院的课程发展而来的。■

14. Paul Betts, The Authority of Everyday Objects: A Cultural History of West German Industrial Dsign, Berkeley, 2004.P45

1950年代成立的乌尔姆设计学院发展了系统化的理性设计，其设计原则是不为风格、时尚所左右，不为消费所驱动，反对美国系统中的工业风格化和消费主义倾向。乌尔姆设计学院提出"好设计"（Gute Form）的价值观，把设计教学建立在分析、综合以及实验室化的设计测试的基础上。其教员汉斯·古格洛特（Hans Gugelot）和博朗公司（Braun）设计总监迪特·拉姆斯（Dieter Rams）是德国系统设计的奠基人，他们为博朗公司做的录音机设计是最早的系统设计（模数设计）。系统化设计使得这些乌尔姆设计学院与博朗、柯达（Kodak）等公司合作设计的电子产品获得空前成功。乌尔姆设计学院把德国的理性设计、技术美学变为成熟的理论，并且最终在制造上得以实现。然而，在设计与产品国际化流通的过程中进入德国的消费主义，对于乌尔姆设计学院的"好设计"主张及其解决问题型的设计研究发起了挑战。西德日益繁荣的市场经济与物质化的生活方式也使乌尔姆设计学院严谨的设计原则遭到了质疑。讽刺的是，1968年该学院解散时，其师生设计的产品还经常出现在各国邮购公司的产品目录和畅销榜上。■

推动德国设计制造的系统化和国际化的另一个重要机构是1951年在达姆施塔特艺术区成立的德国设计委员会（RFF）。德国设计委员会通过与法兰克福的交易会联合举办国际展览来推动设计发展。1960年代中期，德国设计委员会的主要任务是发展"好设计"理念，同时适应多元价值与已被年轻文化和流行设计改变了的生活方式。德国设计委员会成为了设计和制造的信息中心以及政府政策的权威顾问，建立起了设计机构的系统化网络。1985年"好设计"联邦设计奖停办，1992年新设计奖"产品设计联邦奖"启动，用于奖励有国际影响力的产品，评奖标准包括日常使用性、环境生态和谐及使用的安全性。[15] 这一转变说明了德国设计已经从德国本土特色的"好设计"观转向了更广阔的国际化和社会学的视角。■

15. Michael Erlhoff, Designed in Germany since 1949, exh. Cat., Rat für Formgebung, Frankfurt am Main, 1990.P105

在1960年代以后的德国，设计协会和设计组织规模已经形成，并随着生产的专业化程度越来越高，设计类别也日益详细划分，至1980年代达到高峰。系统化使设计终于真正脱离了附属于艺术和建筑的地位，成为了独立学科。■

19 世纪末 20 世纪初，随着欧洲工业革命的不断推进，传统手工艺面临着现代工业化制造带来的新挑战。工艺美术运动和新艺术运动都在工业化大生产的冲击下尝试达到艺术与技术的统一。德国新艺术运动产生了特有的青春风格，将手工艺对于材料、工艺和图案方面的认识有节制地融入到了设计品中，这种方式迅速地被工业界接受并得到小规模批量生产。■

达姆施塔特艺术区（Künstlerkolonie Darmstadt）是通过设计来统一技术与艺术的早期尝试。当时，设计师尚未成为一种职业，无论是从创作手法还是与企业的合作方式来说，他们所采用的仍旧是艺术家式的处理方式。从本次展览中展出的约瑟夫·伊曼纽尔·马戈尔德（Josef Emanuel Margold）设计的饼干盒子到彼得·贝伦斯（Peter Behrens）的家具设计中都可以发现，他们的服务对象是圈内人士和上层社会，设计的推广也仍然借助着艺术展览进行，这些产品的销量在一定程度上也仰仗艺术家在传统文化价值体系中的威望，他们可以被称为设计师型的艺术家。■

赫尔曼·穆特修斯（Herman Muthesius）成立德意志制造同盟（Deutscher Werkbund）的初衷是建立生产制造者和设计行业的伙伴关系，进而提高德国企业在全球市场的竞争力。德意志制造同盟的起点是社会"造型"的观念，是德国的"好设计"（Gute Form）观念的雏形。制造同盟对加入者非常挑剔，只有怀抱先锋理念的行业精英才被批准参加。因此，德意志制造同盟这样一个组织卓有成效地把当时艺术界、企业界、理论界、建筑界以及政界的力量和组织广泛联合在一起，大大推动了德国设计制造的发展。通过制造同盟的推动，艺术家和制造商有了更进一步的合作，除了推广大工业化生产之外，艺术家还为企业设计整体形象，从公司标识到宣传品都和产品保持统一风格，而这种整体设计的做法最早就是在达姆施塔特艺术区开始实验的。贝伦斯和德国通用电气公司（AEG）就是这类合作的代表。■

德意志制造同盟在设计观念的推广上虽然作用不可小觑，但是我们不能误以为其倡导的现代设计风格在当时就风靡了整个德国。事实上当时市场上充斥了各种风格：历史主义、折中主义、异国情调、青春风格等杂糅在一起。不只是制造商、消费者的品味和选择五花八门，即使在德意志制造同盟内部也存在着较大的分歧，1914 年同盟曾经发生过关于设计中标准化生产和个性化创造的优先性的论争。虽然"形式服从功能"最终成为现代主义设计的主流，但是将这种观念真正地渗透到制造乃至日常生活中，仍经历了漫长而曲折的道路。

1. 亨利·凡·德·维尔德为 1897 年德雷斯顿艺术展设计的海报
2.1914 年德意志制造同盟年刊封面——工商业中的艺术

新艺术运动

ART NOUVEAU

新艺术运动是从 1880 年起在欧洲各国同时兴起的一场艺术运动，影响了当时的生活用品、建筑等的设计。在 1890 年至 1910 年该运动达到顶峰。新艺术运动的名字源于萨穆尔·宾（Samuel Bing）在巴黎开设的一间名为"新艺术之家"（La Maison Art Nouveau）的画廊。这场运动在不同的国家有着不同的称谓，因为 1896 年创刊的《青年》杂志，新艺术运动在德国被称为"青春风格"（Jugenstil）。与新艺术在其他国家的主张大致相似，他们重视自然主义的装饰，突出表现曲线、有机形态，反对标准化的工业生产。1910 年左右，新艺术运动逐渐式微，现代主义设计开始逐步将其取代。

1.1895 年亨利·凡·德·维尔德为现代之家画廊设计的室内场景

2.1899 年艾钮尔·奥拉齐和莫里斯·比亚斯为现代之家画廊设计的海报

为"现代之家"画廊设计的桌子

亨利·凡·德·维尔德，1863–1957

1899 年

橡木

长 79cm，宽 58cm，高 80cm

© 中国国际设计博物馆藏

1

2

1896 年，著名德裔艺术品商人西格弗莱德·宾（Siegfried Bing，俗称萨穆尔·宾）在巴黎开设了专门展售室内装饰设计品的"新艺术之家"画廊。德国人朱利斯·迈尔·格雷费（Julius Meier Gaefe）在萨穆尔·宾的画廊开张四年后，也在巴黎开了一家名为"现代之家"的画廊，销售年轻艺术家创作的新艺术作品，成为了新艺术之家画廊的竞争对手。1899 年，亨利·凡·德·维尔德为自己的好友格雷费设计了画廊的室内家具，其中就包括了本次展出的这个桌子。

这件吊坠项链是新艺术运动的代表作品，运用了三角形和环形的几何形象元素，并且在中心位置使用了特色材质——蓝色珐琅质。这些都是理性化的现代主义设计的特征。这种风格硬朗的首饰与 20 世纪初在德国逐渐兴起的新女性形象有关，现代主义风格的首饰衬托出了新时代女性的独立、平等和纯粹的美。这一趋势在 1920 年代达到高峰，并且在赫伯特·拜耶设计的《新线》(die neue linie)杂志中得以全面呈现。该杂志指导女性如何进行现代化生活，提倡女性追求自我实现，去除传统的妩媚装饰。

O592

带吊坠的项链

鬼函波·博厄斯，1872—1956

1904 年 /1905 年

银，蓝色珐琅，珍珠

吊坠长 6.5cm，宽 2.5cm，链子长 29.5cm

© 中国国际设计博物馆藏

带底座托盘的咖啡机

保罗·布鲁诺，1874-1968

1901-1904 年

黄铜，浇铸并抛光

高 30cm，底座 39.5cm

© 中国国际设计博物馆藏

这台咖啡机可能属于 1904 年在艺术家联盟（Künstlerbund）展示的 8 件套下午茶具的一部分。这个带底座托盘的咖啡机毫无疑问属于保罗·布鲁诺最重要的设计作品之一。该咖啡机的风格体现了保罗·布鲁诺兼容传统风格与现代主义的设计方式。现代主义设计并不是德国设计的唯一成就。保罗·布鲁诺是 1923 年意大利蒙察（Monza）装饰艺术双年展德国代表团的领队，蒙察展览体现出传统在设计中依然占有重要位置，传统也是德国设计师在蒙察展览上获得赞许的重要因素。出于市场的原因，像保罗·布鲁诺这类知名设计师也并未完全投入现代主义设计，因为做一个传统主义者可以维持其设计品的销量。到 1910 年代青春风格衰落时期，保罗·布鲁诺已经成为德国重要的建筑师和设计师。

Druck von August Scherl G.m.b.H., Berlin SW68

《星期》杂志广告海报

奥托·艾科曼，1865－1902

1916 年前

纸上彩色印刷

39.6cm x 26.5cm （无框）

47.9cm x 34.5cm （带框）

© 中国国际设计博物馆藏

1. 1909 年第 48 期《星期》杂志封面
2. 1916 年出版的《星期》杂志内页
3. 奥托·艾科曼设计的字体

这张由奥托·艾科曼设计的广告海报上的数字"7"是《星期》杂志的显著标识。装饰框内极具动感的大红色数字"7"非常容易通过滚轴移印在纸上。黑色字体的德文"星期"作为标题直接排列印在数字上。特别引人注意的是手写体的"新"字。数字"7"诠释了杂志的精神，即"这是一本浓缩了 7 天所有精华的周刊"。

《星期》是德国首批画报刊物之一。1899 年，奥古斯特·舍尔（August Scherl）在柏林的出版社为了与《柏林画报》(Beliner) 竞争而发行《星期》，但最后由于内容太地域性，还是败给了竞争对手乌尔施泰因（Ullstein）出版社。奥古斯特·舍尔出版社 1916 年被胡根贝格（Hugenberg）集团兼并，但《星期》并没有因此中断发行，一直到 1944 年才停刊。

VNTER · DEM · ALLERHÖCHSTEN · PROTECTORATE
SR · KÖNIGL · HOHEIT · DES · GROSHERZOGS · VON · HESSEN
EIN · DOKVMENT · DEVTSCHER · KVNST—

DARMSTADT
MAI – OCTOBER 1901
DIE · AVSSTELLVNG · DER
KÜNSTLER – KOLONIE

HOFDRVCKEREI · H · HOHMANN · DARMSTADT ·

也是他们生活的家园。这其中最为著名的入驻者是彼得·贝伦斯，贝伦斯早年学习绘画，后来转向应用美术。应邀加入了达姆施塔特艺术家群体后，贝伦斯精心设计了自己的住宅以及室内的家具。本书中，我们可以看到贝伦斯当年设计的一把钢琴凳（展品 2033 号）。简洁的风格，搭配上淡雅的色调和立体的装饰，都是当时典型的青春风格设计。

达姆施塔特当时还聚集了很多这样的全面手，比如约瑟夫·马里亚·奥布里奇，艺术区的展厅建筑就是由他设计的。在本书中我们也可以看到他为达姆施塔特艺术区绘制的三张明信片（展品 3422 号）。这套明信片用青春风格特有的笔法，很有情调地描绘了设计师居住的村庄，画面中那红色的屋顶正是他的设计，同时也是达姆施塔特建筑最显著的特征。

达姆施塔特艺术区很快成为了德国新艺术运动的中心，其尝试将手工艺和产业结合的实验，对日后的德意志制造同盟、包豪斯学院都有着深远的影响。

1. 1901 年约瑟夫·马里亚·奥布里奇为达姆施塔特
   艺术区展览设计的海报
2. 达姆施塔特艺术区 1913 年举办展览的海报
3. 达姆施塔特艺术区建筑

KVNSTLER · KOLONIE · DARMSTADT · AVSSTELLVNG 1904
ECKHAVS · ERBAVT · VON · PROFESSOR · J·M·OLBRICH

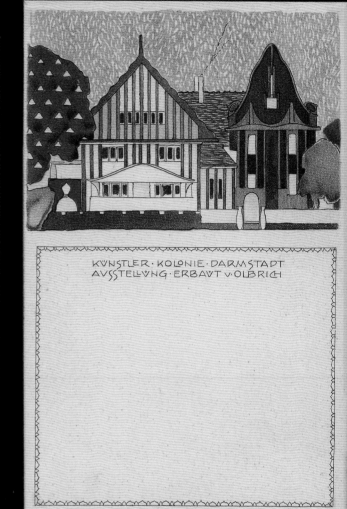

KVNSTLER · KOLONIE · DARMSTADT
AVSSTELLVNG · ERBAVT · v· OLBRICH

1

2

在达姆施塔特艺术区展出的 3 张明信片

约瑟夫·马里亚·奥布里奇，1867–1908

1904 年

彩色平版印刷，纸张

14cm x 9cm（单张）

51.8cm x 31.9cm（带框）

© 中国国际设计博物馆藏

KÜNSTLER·KOLONIE·DARMSTADT·1904·
DAS·GRAVE·HAVS·ERBAVT·VON·OLBRICH·

1. 约瑟夫·马里亚·奥布里奇在达姆施塔特艺术区设计的信箱
2. 约瑟夫·马里亚·奥布里奇在达姆施塔特艺术区设计的羽翼牌钢琴

这些水彩画的艺术明信片带有明显的青春风格，特别是那些饱含感情的细节，比如冒烟的烟囱和红色的天空。中间的那张明信片呈现了正面视角，而两旁的明信片则展现了部分立体侧面视角。明信片上署有约瑟夫·马里亚·奥布里奇自己设计的个人签名。

这个带椭圆形底盘的酱汁壶以其流线型的线条给人以独特的审美感受：凸起和弯曲的形状朝着把手的方向变窄，容器壁带着朝内翻转的容器边缘向上延伸至壶嘴处。特别引人注目的是从壶身到把手的过渡部分，底端优雅地延伸至壶身。容器的内部镀金。

这个酱汁壶是 1903 年 4 月 30 日萨克斯－魏玛（Sachsen–Weimar）大公婚礼上的 335 件全套餐具器皿礼物中的一件。大公特别将设计成套银器的任务委托给凡·德·维尔德。成品曾于 1903 年秋天在魏玛艺术博物馆展出。如评论家所言："20 世纪没有哪套完整的银器作品能够以如此完美的方式体现出艺术家独特的形式语言。"

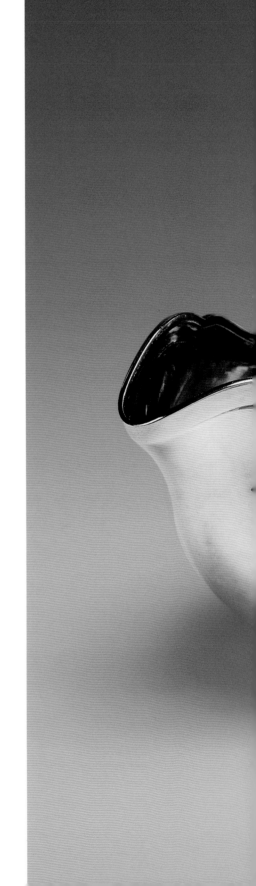

酱汁壶

亨利·凡·德·维尔德，1863-1957

1903 年

银，手工制作，内部镀金

长 22.5cm，宽 10.6cm，高 10.7cm

© 中国国际设计博物馆藏

1

2

3

4

饼干工厂的饼干罐

约瑟夫·伊曼纽尔·马戈尔德，1889-1962

1914 年

带图案刻印的上漆铁皮

长 21cm，宽 11cm，高 12.7cm

百乐顺食品有限公司

© 中国国际设计博物馆藏

1-3. 1914 年约瑟夫·伊曼纽尔·马戈尔德为百乐
顺饼干厂设计的饼干盒

4.1914 年彼得·贝伦斯为百乐顺饼干厂设计的 "制
造同盟包装" 饼干盒

这是马戈尔德为百乐顺（Bahlsen）公司饼干工厂设计的最美丽的作品之一。从面前这件样品能够很明显地看出其卓越之处。此作品大约完成于 1914 年。官方正式发布的时间是 1918 年。这个带弧形支脚的长方形饼干罐最具特色的是覆盖各面的彩色折线形装饰，带有表现主义风格。而支脚上的折线图形则是受到了装饰艺术（Art Déco）风格的影响。此装饰图案的典型特征是多样几何图形的严密组合，比如各种带有丰富想象力和繁复花卉主题的平行线条、齿状装饰、菱形装饰的组合。没有哪一位艺术家能像马戈尔德那样使用极具创意性的装饰线条将立体铁罐的所有表面装饰得如此丰富多彩，因此在 1914 年，这种从花卉与几何图形发展而来的锯齿状装饰率先成为具有装饰艺术风格特点的典型。

№ 2033

"贝伦斯之屋"的钢琴琴凳

彼得·贝伦斯, 1868-1940

1900-1901 年

花梨木, 黑色, 镶嵌各种木材, 软衬垫, 皮革

长 40.3cm, 宽 40.3cm, 高 46cm

© 中国国际设计博物馆藏

彼得·贝伦斯为他在达姆施塔特艺术区的住宅做了外观建筑以及整个室内设计。这个钢琴琴凳属于音乐室家具中的一件, 他总共设计了两个这样的琴凳以及六把相同风格的椅子。这把 1900 年至 1901 年间设计制作的琴凳运用了立体几何的镶嵌装饰以及惊人的现代主义淡雅色调搭配, 体现了典型的青春风格。

1. 彼得·贝伦斯于 1913 年拍摄的肖像
2. 1903 年彼得·贝伦斯为达姆施塔特展览设计的餐厅家具
3. 达姆施塔特艺术区的贝伦斯之屋, 由彼得·贝伦斯自行设计

德意志制造同盟

DEUTSCHER WERKBUND

德意志制造同盟成立于 1907 年，是德国现代主义设计的基石。其创始人为德国外交家赫尔曼·穆特修斯、现代设计先驱彼得·贝伦斯、亨利·凡·德·维尔德等人。基地设在德雷斯顿（Dresden）郊区赫拉劳（Hellerau）。其宗旨是在肯定机械化生产的前提下，通过艺术、工业和手工艺的结合，提高德国设计水平，设计出优良产品。1912 年至 1919 年，同盟出版的年鉴先后介绍了贝伦斯为德国通用电气公司设计的厂房及其一系列产品，都具有明显的现代主义风格，尤其是对 1914 年科隆大展的展品介绍更令人耳目一新。1914 年，同盟内部发生了穆特修斯和维尔德关于标准化问题的论战，这次论战是现代工业设计史上第一次具有国际影响的论战。第一次世界大战使同盟的活动中断，直到 1948 年才得以重组。但它所确立的设计理论和原则，为德国和世界的现代主义设计奠定了基础。

艺术家还是工程师 / 关于标准化的争论
ARTIST OR ENGINEER:
THE DEBATE ON STANDARDIZATION

1914 年，德国画家卡尔·阿诺德（Karl Arnold）曾经绘制过一幅漫画来描述当年爆发在德意志制造同盟内部的一场争辩。

画面中间像工程师的人物是德意志制造同盟的创始人赫特曼·穆特修斯，他手里拿的那张写满公式和数字的图纸，象征着制造同盟中赞成设计必须标准化的一派。穆特修斯觉得装饰和机械化生产是无法并存的，设计的发展只有通过标准化这一条道路才能对社会经济有意义，艺术家的个人化设计无法满足德国出口大量商品的要求。

穆特修斯把设计标准化的观点总结成了设计的十条纲领，这引起了制造同盟中艺术家的强烈反对。画家卡尔·阿诺德在漫画左侧所描绘的人物形象代表了这些艺术家。亨利·凡·德·维尔德是著名的比利时设计师，同时也是新艺术运动中的艺术家。他觉得艺术家的个性即便在机械化的时代也不应该被设计教条磨灭。他一直坚信艺术家在德意志制造同盟中的作用，艺术家拥有自由表现自己个性的权力。

制造同盟内部的年轻设计师都参与了这次争论。大部分年轻设计师们也反对穆特修斯的标准化主张。然而历史证明了标准化的合理性，后来的包豪斯乃至整个德国设计都逐步走上了标准化的道路。

这场争论当时仅仅局限于设计圈子内部，尚未对普通消费者产生影响，大部分人还是选择购买漫画中最右边的那种传统木匠打造的椅子。这场争论对于日常生活的影响力要在十几年之后才慢慢显现出来。

时至今日，关于设计标准化和个性化的争论依然是个有意义的话题。

1914 年在一本杂志上刊登的德国画家卡尔·阿诺德绘制的讽刺画

一套锡制器皿中的茶壶、奶壶和糖罐

理查德·里梅尔施密特，1868–1957

1912 年

锡，壶把包裹编织物

茶壶高 14.5cm，宽 22cm

奶壶高 5.8cm，宽 12cm

糖罐高 9cm，直径 8cm

© 中国国际设计博物馆藏

这三件器皿属于里梅尔施密特最早设计的锡器制品。它直接来自德意志手工工场锡器工坊，其无装饰和圆球造型给人留下深刻印象，其表面处理传递出一种特殊的美学。1912 年，除了主要制造灯具的黄铜工坊和制作金属搭扣的工坊外，一个锡制品工坊也开始启动，它是锡铸造师赫尔伯特·克诺费尔（Herbert Knofel）领导的。这个设计最早在巴伐利亚州工艺展期间就获得了巨大的关注度。

1

2

广告板 "伯恩德设计的技术性海报选"

卢西安·伯哈德， 1883–1972

约 1914 年

纸上平版印刷

41.7cm x 27.5cm

博世有限公司

© 中国国际设计博物馆藏

3

1. 卢西安·伯哈德 1912 年为弗林舍铸造厂设计
   的字体
2. 卢西安·伯哈德 1913 年设计的博世灯具海报
3. 卢西安·伯哈德 1917 年设计的海报《通往和平
   之路》

该广告牌的有趣之处在于上面绘制有许多卢西安·伯哈德设计的作品，就像真的海报一样分布在长方形的块面上。上面有著名的博世牌点火塞（1914 年）、博世牌照明设备（1913 年）、博世牌加油器（1914 年）、伯莱歇特牌缆车（1914 年）、奥斯拉姆·阿佐牌白炽灯泡（约 1910 年）、奥古斯特·谢尔牌铁轨（1909 年）、玛诺里·隆普勒·格尔牌香烟（1913 年），以及曼海姆的 "卡贝尔·舒茨牌铁件" 的广告。背面有一些针对顾客的重要问题。

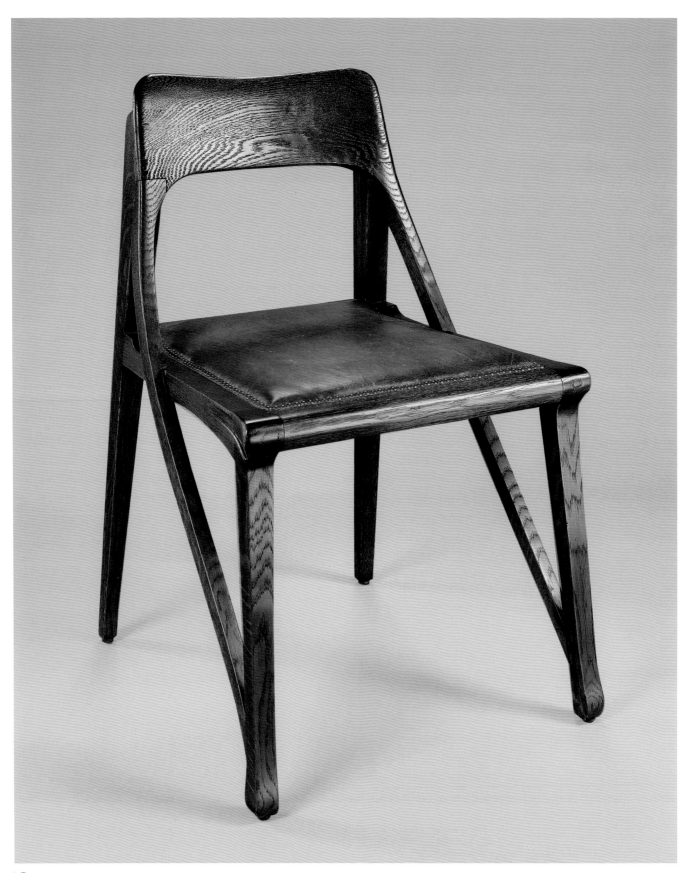

№ **0465**

德意志艺术展音乐室的椅子

理查德·里梅尔施密特，1868–1957

1898 年 /1899 年

橡木，皮革

长 48cm，宽 49cm，高 78.5cm

© 中国国际设计博物馆藏

1

2

1.1902 年在慕尼黑举办的展览 "手工业中的艺术"
中的音乐室素描
2.1902 年在慕尼黑举办的展览 "手工业中的艺术"
中的音乐室

这把椅子是里梅尔施密特的代表作，是 20 世纪初的经典设计，可与麦金托什（Mackintosh）的高背椅媲美。

该椅子在无数文献中被誉为当时最具创造力的设计之一。其特点是连接椅背和椅腿、轻微弯曲、优雅的对角支撑结构，让人联想起赫克托·吉马尔德（Hector Guimard）与伯哈德·潘空克（Bernhard Pankok）设计的椅子以及奥格那·盖拉德（Eugene Gaillard）设计的家具。此外，对装饰元素的弃用使这把椅子获得了令人印象深刻的审美表现力。低矮的靠背保证了演奏者动作的自由。为了提高座椅的稳定性，椅腿呈一定角度的倾斜。这款座椅现存的只有三把为世人所知，另外两把分别在慕尼黑的 "现代美术" 博物馆和纽约大都会博物馆。

DEUTSCHE WERKBUND-AUSSTELLUNG
KUNST IN HANDWERK,
INDUSTRIE UND HANDEL · ARCHITEKTUR
MAI **CÖLN 1914** OCT.

从展示产品到展示生活 /
德国设计制造的推广

FROM SHOWING PRODUCTS TO SHOWING LIFE: THE PROMOTION OF GERMAN DESIGN AND MANUFACTURE

2

1. 彼得·贝伦斯为 1914 年德意志制造同盟在科隆
   举办的展览设计的海报
2. 1914 年德意志制造同盟在科隆举办的展览中的
   展品

设计制造的发展离不开设计理念的推广和产品的受众培养。在一百多年前，德国人为了推动设计制造的发展，就开始尝试各种宣传展示方式，他们甚至比我们想象的要走得更远。

德国最早的设计杂志是从介绍室内装饰开始的。弗里德里西·布鲁克曼（Friedrich Bruckmann）在 1885 年出版了第一本德语艺术杂志《大众艺术》（Kunst für Alle），其中就有大量的室内装饰设计介绍和评论。

亚历山大·柯霍（Alexander Koch）是德国设计制造最著名的推广者之一。他开创了用展览、杂志、书籍等手段联合展示推广的方式。他的杂志《室内装饰》（Innendekoration）和《德国艺术和装饰》（Deutsche Kunst und Dekoration）都很有影响力。柯霍的杂志积极配合达姆施塔特艺术区的宣传，向公众介绍艺术区的建筑和工业设计产品，向公众推广新的生活方式。柯霍还通过杂志举办业余和专业的比赛，如"艺术爱好者之屋"的设计创意大赛吸引了国际上许多优秀设计师的参与。柯霍还和威尔特海姆商场合办设计展览，将家具餐具等产品以组成生活空间的方式展示，如儿童卧室、办公室、女士的化妆间等等，所有产品均可现场订购，这让人想起现今的宜家卖场。

德意志制造同盟则在 1902 年举办了第一个现代工业设计产品的巡回展览，并且创办了制造同盟的年刊，开设计专业展示之先河。协办展览的博物馆也因此建立了第一个工业设计收藏，其中就包括了本书中的 BAA 0198 号作品——艾都阿尔德·苏格兰（Eduard Scotland）和阿尔弗雷德·容格（Alfred Runge）为哈克咖啡（Kaffee Hag）公司设计的器皿。

制造同盟于 1914 年在科隆举办了规模空前的设计大展（Cologne Deutsche Werkbund Exhibition of 1914），成功地向世界宣告了 20 世纪是德国设计的时代。本书中 0563 号和 3962 号作品就曾经在 1914 年的大展上展出过，而 3906 号作品正是那次大展的展览传单。

柯霍在此次展览中提出了要将整个城市作为设计展览的蓝图：他认为德国的机构、贸易、娱乐、教育、交通甚至是个人形象都应该成为外国游客的学习鉴赏对象，通过博物馆、学校、行政建筑、市场、医院、市政厅等公共机构向他们展示一个现代城市，这是一个现代设计师所必须要考虑的。虽然在 1920 年代他的这一想法只是天方夜谭，但在战后的德国却被人们所接受，这种向游客全方位展示城市的传统也一直延续至今。

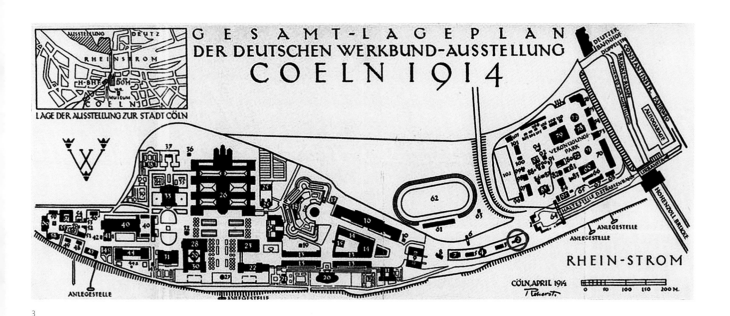

CIGARREN
WERKBUND
CIGARETTEN

JOS. FEINHALS
COELN

KGL. BAYRISCHER HOFLIEFERANT
HOFL. SR. HOHEIT D. HERZOGS V. ANHALT

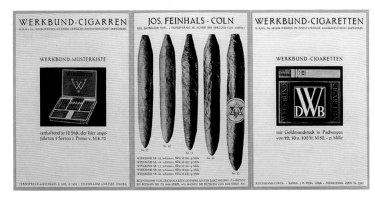

1914 年科隆制造同盟展览 "制造同盟雪茄和香烟" 传单

弗里茨·海穆特·埃姆克，1878-1965

1914 年

纸上彩印

19cm x 12.9cm

ⓒ 中国国际设计博物馆藏

1

1.1914 年科隆制造同盟展览 "制造同盟雪茄和香
　烟" 传单
2. 弗里茨·海穆特·埃姆克 1914 年设计的雪茄盒

传单封面是约瑟夫·法恩哈司（Josef Feinhals）的烟草企业出品的 "制造同盟雪茄和香烟"
产品的标识，该标识由一个白色的 "W" 和三个黄色的皇冠（科隆市的市徽元素）组成，
被彼得·贝伦斯确定为制造同盟的展览传单中重要的视觉元素。

2

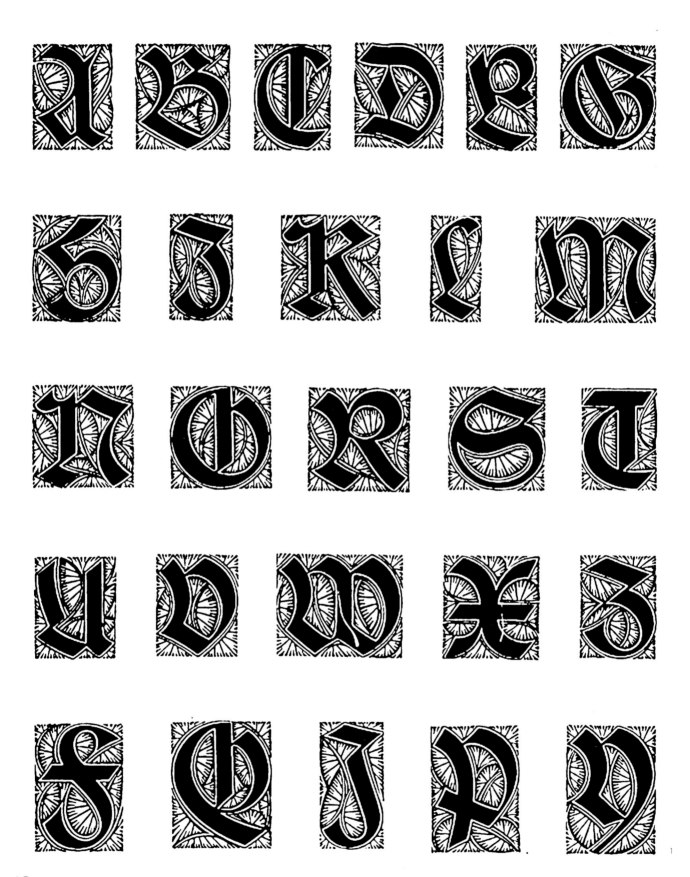

1. 弗里茨·海穆特·埃姆克 1916 年设计的施瓦巴赫字体
2. 弗里茨·海穆特·埃姆克 1909 年设计的罗马字体
3. 弗里茨·海穆特·埃姆克 1910 年设计的意大利斜体

为第一届都灵国际现代装饰艺术展设计的桌子

理查德·穆勒，生卒年不详

1902 年

黄铜，红木

高 74.5cm，直径 54.7cm

塞费尔特公司

© 中国国际设计博物馆藏

1902 年第一届都灵国际现代装饰艺术展现场图

该桌子的基本结构是圆形的桌面、两块有机形的搁板和三条造型独特的桌腿。桌腿上部构成自由的闪电形造型，并有机地向下延续。金属桌腿上还有一条凹线。

遗憾的是，迄今为止，设计师穆勒的生平不详。可以肯定的是，理查德·穆勒大约从 1900 年起服务于德雷斯顿（Dresden）的塞费尔特公司。穆勒作品的优秀体现在清晰的造型上，极少有纠缠不清的装饰和成堆的细节。他在其作品中通过几何造型体现着合乎目的性，强调结构和功能，符合当时的工艺美术运动的风格，也代表着塞费尔特公司的趣味。理查德·穆勒的作品在许多展会中展出，如 1899 年在德雷斯顿举行的德意志艺术展、1902 年第一届都灵国际现代装饰艺术展、1906 年在德雷斯顿举行的第三届德意志艺术展，以及 1914 年在科隆举行的制造同盟展。该艺术家共有 59 件作品为人所知，主要是为塞费尔特公司设计的灯具，还有家具、广告、咖啡具（由德雷斯顿的马克斯·哈曼制作），以及一间男士房间（由德雷斯顿－斯特里森的特奥菲·穆勒的德意志家居产品手工工场制造）。

为科隆制造同盟展设计的带底座的器皿

约瑟夫·霍夫曼，1870–1956

1914 年

无色玻璃，黑色镶膜

高 11.7cm，直径 13cm

© 中国国际设计博物馆藏

1914 年在科隆举办的德意志制造同盟展览中展出的玻璃瓷器展柜

约瑟夫·霍夫曼为 1914 年科隆的制造同盟展设计了这件带底座的器皿。其主要特色是放弃了色彩，采用几何形的腐蚀纹样。霍夫曼在此利用了最新的玻璃技术，即梅卢辛玻璃底层和腐蚀技术。外层有黑色镶膜，带几何形腐蚀纹路，盘底有因张力而产生的裂痕。

1

1. 德国通用电气公司位于柏林的涡轮机工厂，由
   彼得·贝伦斯于 1909 年设计
2. 1908 年彼得·贝伦斯设计的 AEG 公司标识

企业形象标准化 / 德国通用与哈克咖啡

THE STANDARDIZATION OF CORPORATE LOGOS: AEG AND KAFFEE HAG

20 世纪之初，德意志制造同盟为德国的设计师和制造商提供了合作的平台，并且推行生产标准化和模块化设计，促成了设计与制造的结合。

彼得·贝伦斯作为制造同盟的核心成员，是同盟设计思想的支持者和执行者，因此逐渐被德国各制造商所熟知。1907 年，德国通用电气公司邀请贝伦斯为公司设计标识，担任建筑师和设计协调人。来到公司后，贝伦斯首先研究了公司的产品与历史，最终与威廉·德夫克一起设计了六边形标识，这个酷似螺帽和蜂窝的形状体现了他所强调的简洁与模块化的设计观。这个标识同时应用于公司的建筑、印刷品、机械设备和产品上，成为世界上最早的企业总体形象设计的项目。为了统一产品与整体形象的风格特点，贝伦斯也将几何形式和模块化设计应用在 AEG 的电灯、电风扇、电水壶等产品上。他从产品的功能出发，基本摒弃了烦琐的装饰，实现了功能和审美、工业与手工艺的统一。贝伦斯因此成为最早进行企业整体形象与标识设计的设计师，AEG 也因此成为最早将艺术设计和美学引入工业设计的品牌。

当时著名的咖啡品牌哈克咖啡也受到了贝伦斯的影响，成为最早一批进行企业形象设计的公司。哈克咖啡是一家专门生产无因咖啡的公司，为了体现出产品健康无害的特点，他们设计了令人过目不忘的产品标识——黑色的外框、表示对生命安全的保障的红色救生圈，并将"无因咖啡"通过精心设计的字体标示出来，这一醒目的标识被运用在一系列相关产品之上，如外包装、海报、咖啡器具等等。伴随着 "Always harmless！Always wholesome！"（总是无害，总是健康）的广告词，产品得到了消费者的广泛认可，当时公司无因咖啡的日产量就超过了 13000 磅。

在德意志制造同盟有力的组织下，同盟中的企业相互影响，相互学习，成功地设计出了具有现代主义倾向的产品，同时开现代公司识别系统设计之先河，强有力地表达出德意志制造同盟的共同理念与追求。

2

贝伦斯设计的台式电扇，从技术上讲现在依然可以正常运转，是罕有的藏品。

如同水壶系列一样，贝伦斯的电扇设计也开创了结构性的产品系列，即所谓的"无穷无尽的产品变化"。引人注目的是，该电扇外壳的机械性和结构性在这件藏品上清晰可见。

重要的是，贝伦斯的影响力不仅体现在产品设计上，还体现在建筑规划和企业形象设计上，比如他也为德国通用电气公司设计了海报、企业信笺和手册。作为艺术家、建筑师和工业设计师的贝伦斯在与德国通用电气的合作中展现的创造力成为艺术和工业之间新的联系的范例。

1909 年彼得·贝伦斯设计的 AEG 工厂厂房内景

博物馆藏品编号

№ O811

GUO 11 型号通用型电扇

彼得·贝伦斯，1868–1940

1907 年 /1908 年

铸铁上绿漆，黄铜

高 34cm

德国通用电气有限公司

© 中国国际设计博物馆藏

折页 "德国通用电气——金属丝灯泡"

彼得·贝伦斯，1868–1940

1912 年

纸上彩印

18.5cm x 43.5cm

德国通用电气有限公司

1. 彼得·贝伦斯 1910 年设计的 AEG 公司金属灯
丝灯泡广告

这一长方形三折页的封面展示了一盏金属丝灯泡的手绘图，背景为蓝紫色，灯泡的金属丝

在这个金属丝灯泡上显现着彼得·贝伦斯在 1907 年设计的 AEG 标识。

德国通用电气出品的金属丝灯泡

彼得·贝伦斯，1868–1940

约 1907 年

在模具中吹制，黄铜灯头，锌白色

长 14cm，直径 5.7cm

德国通用电气有限公司

© 中国国际设计博物馆藏

No BAA 0005

电水壶

彼得·贝伦斯，1868-1940

1909 年

黄铜，镀镍，电镀

高 19.5cm

德国通用电气有限公司

© 中国国际设计博物馆藏

这台八角形的电水壶属于德国通用电气公司自 1907 年起由彼得·贝伦斯设计的电器项目，底部的金属牌子说明该电水壶出口法国。水壶容量为 1.5 升，属中等大小。该水壶系列建构在三个基本形基础之上：八边形、扁平的椭圆形和水滴形，下面是风格独特的底座；采用三种材料：黄铜、黄铜镀铜、黄铜镀镍；共有四种规格：0.75 升、1.25 升、1.5 升、1.75升；选用三种表面肌理：光滑、锤打、火焰，由此构成产品系列的差异特点。从 1922 年到 1920 年代末，该系列电水壶都是由德国通用电气的子企业——纽伦堡（Nuremberg）的工程工厂生产，总共生产了 20 年，长时间作为批量化生产的工业产品。

该水壶的八角形造型来自 AEG 整体形象。如同为柏林船舶制造展（1908 年）设计的 AEG馆，彼得·贝伦斯从八角形水壶的造型出发，加入了浪漫的、托斯卡纳地区的文艺复兴样式的建筑造型元素。

这是哈克咖啡公司的著名咖啡具，在公司的市场化方面扮演重要角色，至今仍被收藏者看重。哈克咖啡是无咖啡因咖啡的品牌，标识上的救生圈表示不危害健康的理念。最早的哈克咖啡具生产于 1907 年。

哈克咖啡公司咖啡具

阿尔弗雷德·容格，1881–1946

艾都阿尔德·苏格兰，1885–1945

1907 年

白色釉彩瓷器，黑色壶钮和字体，红褐色标识

咖啡壶：长 19.5cm，宽 7.5cm，高 15.8cm

小奶壶：长 7.8cm，宽 5.5cm，高 13.5cm

糖罐：长 15.5cm，宽 7.3cm，高 11.2cm

杯子：高 6.7cm，直径 8.2cm

大碟：高 2cm，直径 19.2cm

小碟：高 1.5cm，直径 15.3cm

哈克咖啡公司

© 中国国际设计博物馆藏

Umfang der Lehre.

Die Lehre im Bauhaus umfaßt alle praktischen und wissenschaftlichen Gebiete des bildnerischen Schaffens.

A. Baukunst.
B. Malerei.
C. Bildhauerei

einschließlich aller handwerklichen Zweiggebiete.

Die Studierenden werden sowol handwerklich (1) wie zeichnerisch-malerisch (2) und wissenschaftlich-theoretisch (3) ausgebildet.

1. Die handwerkliche Ausbildung — sei es in eigenen allmählich zu ergänzenden, oder fremden durch Lehrvertrag verpflichteten Werkstätten — erstreckt sich auf:

a) Bildhauer, Steinmetzen, Stukkatöre, Holzbildhauer, Keramiker, Gipsgießer,
b) Schmiede, Schlosser, Gießer, Dreher,
c) Tischler,
d) Dekorationsmaler, Glasmaler, Mosaiker, Emaillöre,
e) Radierer, Holzschneider, Lithographen, Kunstdrucker, Ziselöre,
f) Weber.

Die handwerkliche Ausbildung bildet das Fundament der Lehre im Bauhause. Jeder Studierende soll ein Handwerk erlernen.

2. Die zeichnerische und malerische Ausbildung erstreckt sich auf:
a) Freies Skizzieren aus dem Gedächtnis und der Fantasie,
b) Zeichnen und Malen nach Köpfen, Akten und Tieren,
c) Zeichnen und Malen von Landschaften, Figuren, Pflanzen und Stilleben,
d) Komponieren,
e) Ausführen von Wandbildern, Tafelbildern und Bilderschreinen,
f) Entwerfen von Ornamenten,
g) Schriftzeichnen,
h) Konstruktions- und Projektionszeichnen,
i) Entwerfen von Außen-, Garten- und Innenarchitekturen,
k) Entwerfen von Möbeln und Gebrauchsgegenständen.

3. Die wissenschaftlich-theoretische Ausbildung erstreckt sich auf:
a) Kunstgeschichte — nicht im Sinne von Stilgeschichte vorgetragen, sondern zur lebendigen Erkenntnis historischer Arbeitsweisen und Techniken,
b) Materialkunde,
c) Anatomie am lebenden Modell,
d) physikalische und chemische Farbenlehre,
e) rationelles Malverfahren,
f) Grundbegriffe von Buchführung, Vertragsabschlüssen, Verdingungen,
g) allgemein interessante Einzelvorträge aus allen Gebieten der Kunst und Wissenschaft.

Einteilung der Lehre.

Die Ausbildung ist in drei Lehrgänge eingeteilt:

    I. Lehrgang für Lehrlinge.
    II.   ,,   ,, Gesellen.
    III.   ,,   ,, Jungmeister.

Die Einzelausbildung bleibt dem Ermessen der einzelnen Meister im Rahmen des allgemeinen Programms und des in jedem Semester neu aufzustellenden Arbeitsverteilungsplanes überlassen.

Um den Studierenden eine möglichst vielseitige, umfassende technische und künstlerische Ausbildung zuteil werden zu lassen, wird der Arbeitsverteilungsplan zeitlich so eingeteilt, daß jeder angehende Architekt, Maler oder Bildhauer auch an einem Teil der anderen Lehrgänge teilnehmen kann.

Aufnahme.

Aufgenommen wird jede unbescholtene Person ohne Rücksicht auf Alter und Geschlecht, deren Vorbildung vom Meisterrat des Bauhauses als ausreichend erachtet wird, und soweit es der Raum zuläßt. Das Lehrgeld beträgt jährlich 180 Mark (es soll mit steigendem Verdienst des Bauhauses allmählich ganz verschwinden). Außerdem ist eine einmalige Aufnahmegebühr von 20 Mark zu zahlen. Ausländer zahlen den doppelten Betrag. Anfragen sind an das Sekretariat des Staatlichen Bauhauses in Weimar zu richten.

APRIL 1919.

Die Leitung des
Staatlichen Bauhauses in Weimar:
Walter Gropius.

德国在一战中的战败，使激进的实验与改革在 1920 年代的德国文化中日益突出。设计则成为了定义新生活的实验手段。这场革新的实质是生活方式的理性化设计。这一时期的文化，从哲学到设计都受到了风格派、构成主义等先锋派艺术的巨大影响。德意志制造同盟展开了城市规划和家庭公寓的理性设计实验，这引发了人居方式的一系列革新。1919 年成立的魏玛国立包豪斯学院也是这一场生活方式变革运动中的代表。在理性主义先锋派的影响下，包豪斯的理想从"回归手工艺"转变为"技术与艺术相统一"，并通过把工坊制与基础课程相结合的方式，将学校教育与社会生产直接挂钩，来推动"标准化"与功能化的设计，从而改变大众的生活方式。包豪斯与朗饰（Rasch）、托内特（Thonet）等公司合作设计生产的产品都成为了现代主义设计经典。■

平等思想是贯穿包豪斯 14 年办学中的最为重要的理念之一，三任校长都将学校教育与社会生产直接挂钩，注重设计的功能性与实用性，通过降低成本、提高效率，使艺术从特定阶层的垄断中解放，从而进入人民大众的日常生活。■

包豪斯的理想与观念具体化为带有实验性的教学模式，其中包括了基础课教学、工坊制度以及校企联合等，这些实验遵从了格罗皮乌斯的办学理想，促成了理论与实践相结合的教学模式。为期半年的基础课从早期约翰内斯·伊顿（Johannes Itten）开设的类似现代色彩学的课程，到拉兹洛·莫霍利－纳吉（Laszlo Moholy-Nagy）注重新技术手段的光影课程，再到约瑟夫·艾尔伯斯（Josef Albers）具有更多实践元素的对材料的理性研究。工坊则由形式导师与工艺导师共同向学生们传授技能，师生之间以师徒相称，鼓励学生在做中学。工坊制也反映了这一时期来自经济上的压力：学生必须掌握一门手艺，并靠自己的手艺谋生。汉内斯·迈耶上任后更加强调产品与消费者、设计与社会的密切关系，加强了设计与工业的联系。在他的领导下，包豪斯各工坊都开始接受企业的设计委托。如托内特家具公司是较早与包豪斯建立联系的公司之一，并因此率先成为制造上漆或镀铬的金属管座椅的制造商。1929 年朗饰壁纸公司与包豪斯学院合作，推出的包豪斯墙纸大获成功。包豪斯学校与制造商的合作不仅带来了可观的收入，而且将包豪斯的理想进一步地推广到社会。■

纳粹上台后，对犹太人、外国人、持不同政见者和那些所谓的"堕落"艺术家们的管控愈加严格，包豪斯的师生纷纷移居海外，格罗皮乌斯、米斯等人在美国继续推广包豪斯的理想与教学方式，并成为"国际主义风格"的先驱，包豪斯也因此举世闻名。■

先锋派艺术

AVANT–GARDE ART

几何形的胜利 / 风格派与构成主义
THE TRIUMPH OF GEOMETRY: DE STIJL AND CONSTRUCTIVISM

德国艺术素有浪漫主义的传统，重视宗教体验、沉思与幻想。包豪斯学校成立的初期，表现主义与神秘主义在校园中大行其道，教师约翰内斯·伊顿甚至在教学中传授拜火教。

但 1920 年代这个传统遇到了前所未有的挑战。1921 年风格派的代表人物泰奥·凡·杜斯堡（Theo van Doesburg）来到了魏玛并继续出版《风格》(De Stijl) 杂志，展品 1116 号就是当时《风格》杂志的内页。他于 1921 年至 1923 年间在包豪斯任教，严厉批评包豪斯的浪漫主义倾向，强调设计中的理性思考。风格派的纯抽象几何形式，以及只使用红、黄、蓝三原色与黑、白、灰三非色的造型方式，对包豪斯的师生影响很大。比如包豪斯的学生马塞尔·布劳耶（Marcel Breuer）设计了大量的钢管椅，展品 2900 号是早期布劳耶模仿风格派设计师格里特·里特维尔德（Gerrit Rietveld）的作品"红蓝椅"。

俄国"构成主义"（Constructivism）与风格派相比，更强调几何形所构成的运动感，同时还提倡直接为大众服务。这种革命性思潮很快就在学校得到了广泛的认同，构成主义设计师埃尔·利西茨基（El Lissitzky）来到柏林后，一时成为德国设计师的追捧对象。展览中的 2351 号作品就是他为《解放的戏剧》设计的书籍封面。构成主义理论逐渐成为了包豪斯基础课程的核心。

在工业制造上，风格派和构成主义都最大程度地接受现代工业技术：风格派偏好基本几何形与机器生产部件标准化，而俄国构成主义者则倾向于寻求大规模工业生产技术带来的视觉上的动感。因此，包豪斯摆脱表现主义的思想包袱之后，更加重视产品的功能和工业生产，强调设计的标准和理性系统。在新的校徽（展品 1084 号）的几何化风格中，我们清楚地看到了学校向理性主义的转变。

2

1. 1922 年奥斯卡·施莱默为魏玛包豪斯设计的校徽，一直使用到 1933 年包豪斯关闭
2. 1919 年卡尔·彼得·勒尔为魏玛包豪斯设计的校徽，这个校徽从包豪斯内部竞赛中产生，主题是建筑，通过埃及、中世纪、浪漫象征主义表现出来

№ O148

红蓝椅

格里特·里特维尔德，1888–1964

1917 年 / 1918 年

榉木，涂红、蓝、黄、黑色油

长 83.8cm，宽 66cm，高 86.7cm

座高 33cm

© 中国国际设计博物馆藏

2

---

1. 红蓝椅尺寸分析图
2. 皮特·蒙德里安 1930 年的绘画作品《红、黄、蓝》

典型的风格派色彩突出了这件里特维尔德家具的雕塑效果和构成主义样式，使这把椅子符合风格派的符号功能。这款家具至今仍由意大利卡西纳（Cassina）公司依样生产着。这件里特维尔德著名的"红蓝椅"样品是凡·德·格勒纳（Van de Groenekan）于 1935 年制作的。

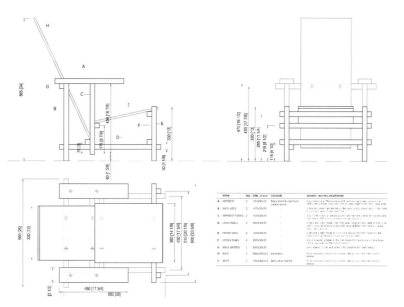

1

GERRIT RIETVELD RED AND BLUE CHAIR PLANS - SCALE : 1:10 @ A4

木条椅

马塞尔·布劳耶，1902–1981

1922–1924 年

防腐木料，褐色麻布

长 60cm，宽 55.3cm，高 95cm

座高 46cm

© 中国国际设计博物馆藏

马塞尔·布劳耶设计的木条椅的分析图，布雷特·霍尔夫斯托特绘制

马塞尔·布劳耶著名的木条椅是在荷兰风格派运动的影响下设计的。1921 年运动的创始人之一泰奥·凡·杜斯堡来到魏玛，并企图以荷兰风格派运动理论影响包豪斯。布劳耶将自己的设计归类于荷兰风格派运动的建筑师、设计师格里特·里特维尔德同类型的家具作品，特别是其早在 1917 年（一说 1918 年）设计的"红蓝椅"。布劳耶的进一步的发展在于，他利用了木板的厚度，把里特维尔德椅子中用胶合板做的椅面和靠背替换成了绷紧的织物。木条椅也有很多不同版本，现在展示的是 1924 年版的。它是用基本上等厚的木条制成，在十字带后面增加了一个倾斜角度。1925 年包豪斯的产品目录便介绍了这把椅子的人体工学上的优点：第一，椅面、肩部和背部均有柔软的织物，为臀部和背部提供柔软的支撑。第二，手臂和背部放置舒适。第三，倚靠的时候脊柱是自由的。第四，背部可以从织物靠背获得最舒适的支撑。

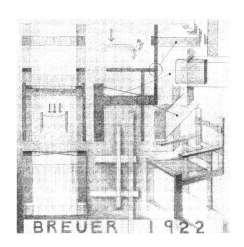

该封条上的字母"NB"（Nieuwe Beelding）是《风格》杂志创刊第四年（1921年），杂志在封面上设计的一个新的动态文字，作为风格派的标识。■

《风格》杂志是荷兰风格派的唯一官方杂志。这份杂志自1917年6月16日创刊以来，一直致力于推行新造型和新诗歌，风格派的名称亦由此而来。该杂志由泰奥·凡·杜斯堡负责编务工作。1928年，《风格》杂志因主办者的观念分歧而停刊。■

泰奥·凡·杜斯堡自1921年起在欧洲各处成为了当时风格主义的代表人物，但他几乎是孤身奋战，只有蒙德里安还与其保持联络，新加入的里特维尔德并不作为理论家出现。作为先锋派运动之一，风格派在当时的响应者并不多，《风格》杂志的销售量非常小。杜斯堡为了使杂志看来是引领着一场轰轰烈烈的艺术运动，更改了杂志形式，在标题页的布局设计上加入了"莱顿、安特卫普、巴黎、罗马"等多个出版地说明。此外，在1921年的《风格》杂志上，他还用多个假名发表对新诗歌、抽象电影以及新生活哲学的评论。■

1. 泰奥·凡·杜斯堡1923年为一所大学设计的中央大厅
2. 1921年泰奥·凡·杜斯堡设计的明信片"荷兰风格派席卷包豪斯"

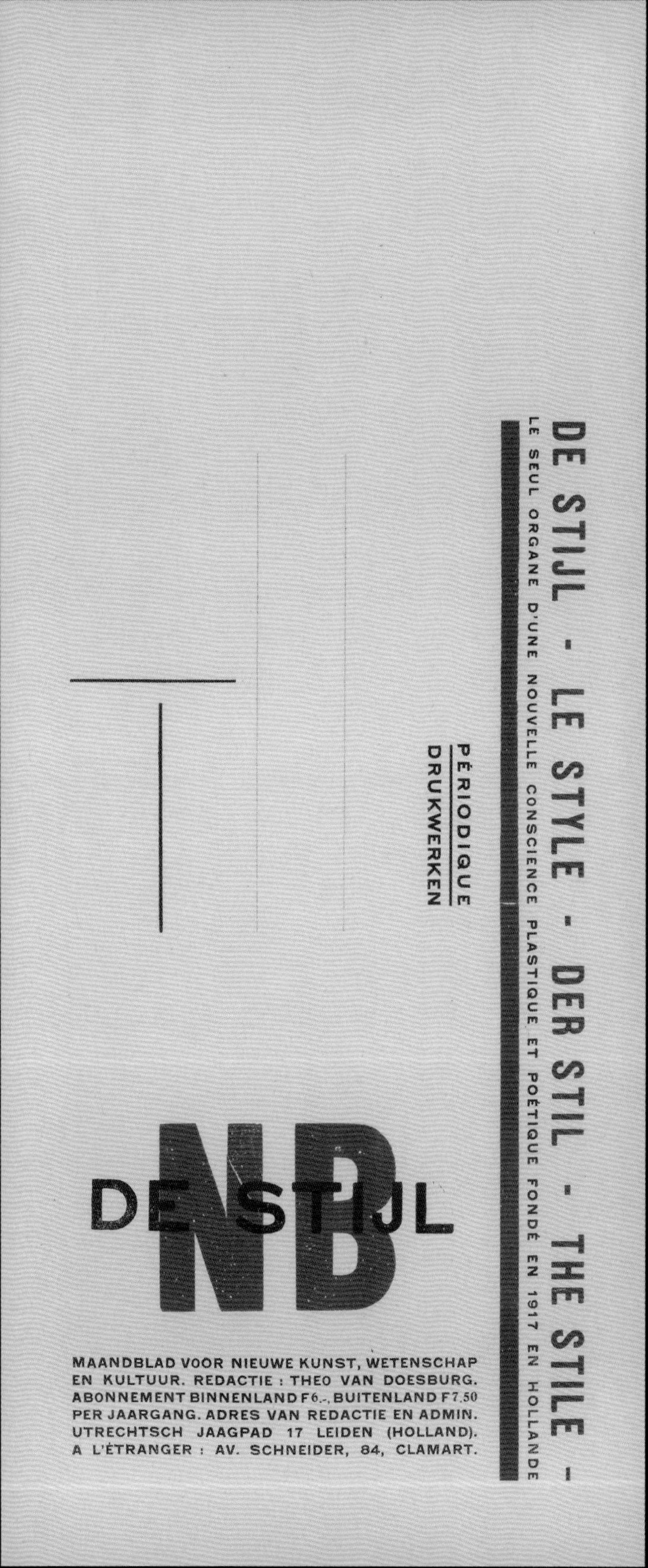

No **0616**

1921 年《风格》杂志邮寄封条

泰奥·凡·杜斯堡，1883–1931

1921 年

纸张，石版印刷

16cm x 36cm

DE STIJL · LE STYLE · DER STIL · THE STILE ·

LE SEUL ORGANE D'UNE NOUVELLE CONSCIENCE PLASTIQUE ET POÉTIQUE FONDÉ EN 1917 EN HOLLANDE

PÉRIODIQUE
DRUKWERKEN

NB

DE STIJL

MAANDBLAD VOOR NIEUWE KUNST, WETENSCHAP
EN KULTUUR. REDACTIE : THEO VAN DOESBURG.
ABONNEMENT BINNENLAND F6.-, BUITENLAND F7.50
PER JAARGANG. ADRES VAN REDACTIE EN ADMIN.
UTRECHTSCH JAAGPAD 17 LEIDEN (HOLLAND).
A L'ÉTRANGER : AV. SCHNEIDER, 84, CLAMART.

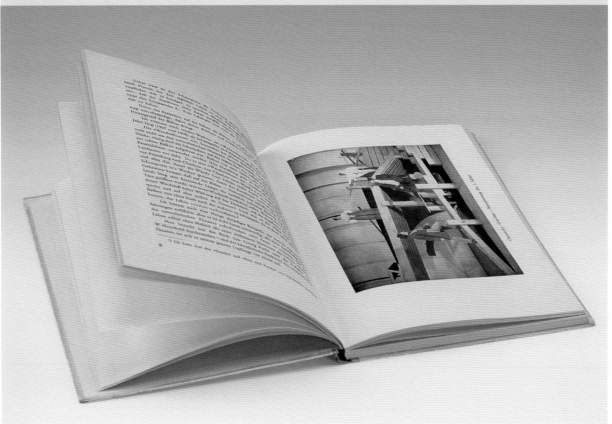

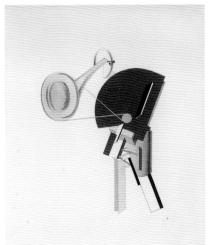

1

2

博物馆藏品编号

№ 2351

出版物《解放的戏剧 —— 一个导演的札记》

书籍设计：埃尔·利西茨基，1890–1941

作者：亚历山大·泰罗夫

1927 年

纸板、纸、装订成册，印刷

24.7cm x 18cm x 1.8cm

© 中国国际设计博物馆藏

1. 埃尔·利西茨基 1923 年创作的构成主义绘画《报幕员》
2. 埃尔·利西茨基 1923 年创作的《机器》系列
3. 埃尔·利西茨基 1923 年创作的构成主义绘画《邮递员》

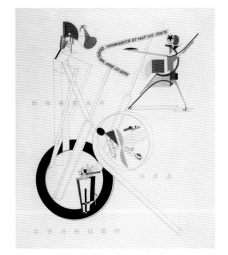

3

亚历山大·泰罗夫的《解放的戏剧》包括 12 幅插画，其中 3 幅为彩色。该书第二版的封面由埃尔·利西茨基设计，无论形式还是色彩都体现出高度的简洁性。该设计作品的构成主义造型语言和版式构成一种不同寻常的共生形态。■

这件书籍设计作品是利西茨基最成功的平面作品之一。与 1923 年的第一版不同，它没有利西茨基的签名。在第一版中，利西茨基的签名在插画之下。此外也没有波兹坦（Potsdam）的古斯塔夫·凯本霍伊尔（Gustav Kiepenheuer）出版社的字样。■

1923 年，即该作品的诞生之时，埃尔·利西茨基已在柏林生活了大约两年。在柏林他已成为来自十月革命的先锋派艺术家中的代表人物。在此之前，当利西茨基在维特贝斯特（Witebesk）的艺术与技术学院教授建筑和平面设计时，他的创作已从具象向几何形抽象突变。至上主义的奠基人卡斯米尔·马列维奇（Kasimier Malevich）也在该学院执教，他对利西茨基的影响极大。在这一时期，利西茨基创作了著名的"Proun"（由 Pro 和 Unowis 的词根构成，意思是"新奠基项目"），本书籍设计就以"Proun"为蓝本。■

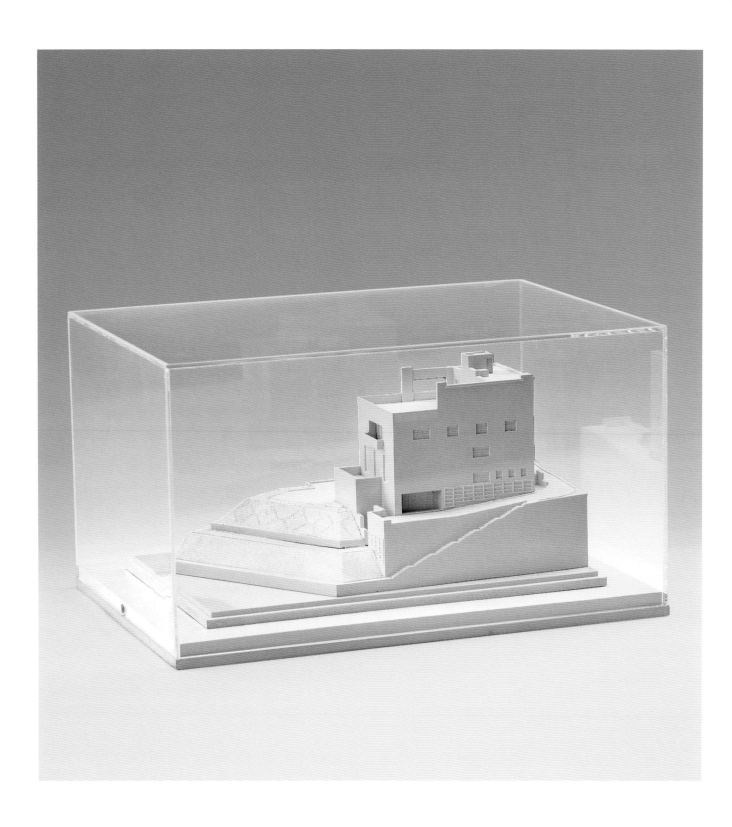

1

3

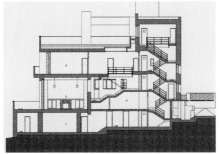

2

布拉格的穆勒住宅建筑模型

阿道夫·路斯，1870-1933

1928 年

塑料

25cm x 16cm x 12cm

© 中国国际设计博物馆藏

1.1928 年阿道夫·路斯设计布拉格的穆勒住宅外景

2.1928 年阿道夫·路斯设计布拉格的穆勒住宅内景

3.1928 年阿道夫·路斯设计布拉格的穆勒住宅建筑分析图

阿道夫·路斯为欧洲现代派最重要的建筑师之一。他是新型、实用建筑方式的先驱，主张放弃任何装饰。穆勒别墅是他晚期作品中最主要的建筑。这是他于 1928 年与卡雷尔·勒霍诺（Karel Lhota）共同合作为弗朗齐歇克·穆勒（František Müller）在布拉格设计的。阿道夫·路斯在室内装修上均使用上等材料，习惯采用明朗的建筑形式。此外，他设计出内容丰富的生活空间，在每个单独的区域通过不同的空间层次相互连接在一起。

穆勒的房屋平面图呈五角星轮廓，还带有花园。它位于布拉格向北倾斜的一个斜坡上，可以鸟瞰山谷。整栋住宅基本上为长方体形状，有两个入口和侧面逐渐上升的临近的房屋立面。令人吃惊的是，此建筑很少用到大块平整的地面。两个房屋立面在建筑物底部分别有一个带入口的小夹室——其中一侧是房门入口，另一侧是车库入口。夹室比路面低，因此它的视野开阔度极低。其余两个房屋立面有光滑的墙壁，由巨大的透明的几何形体分割开。在面向斯莱索伟卡（Stresovivka）大街的一侧，在实心的墙体上布置着客厅露台和二层阳台。第二个房屋立面通过一个凸出部位和一个有趣的细节将一个空窗户分成几个部分，这样为建筑物在有顶阳台上面又加了一个顶。房屋立面简洁不奢华，是路斯典型的建筑风格。穆勒住宅证明了路斯的建筑理念：房屋不是给路人看的，而是为住户建的。

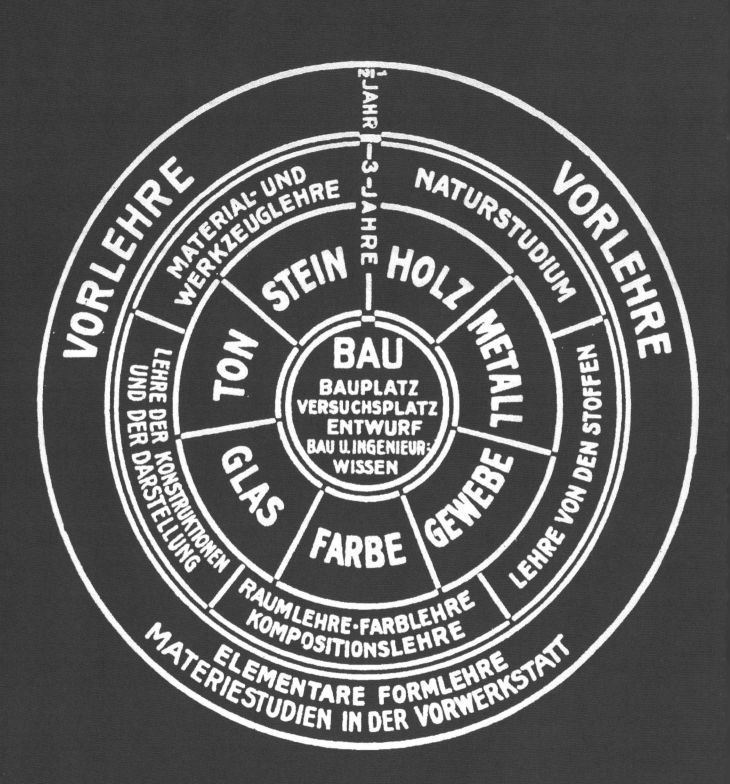

包豪斯

BAUHAUS

包豪斯是世界上第一所完全为发展现代设计教育而建立的学院，但又不仅仅是一所设计学校。它成立于 1919 年，校名为 "公立包豪斯学校" (Staatliches Bauhaus)，后改称 "设计学院" (Hochschule für Gestaltung)。"包豪斯" 一词由第一任校长格罗皮乌斯将德语 "Hausbau"（房屋建筑）一词倒置而成。学校共经历三任校长：沃尔特·格罗皮乌斯 (1919–1928)、汉内斯·迈耶 (1928–1930)、米斯·凡·德·罗 (1930–1933)；经历三个发展阶段：魏玛 (Weimar) 时期 (1919–1925)、德绍 (Dessau) 时期 (1925–1932)、柏林 (Berlin) 时期 (1932–1933)。虽然学校历经磨难，1933 年在纳粹上台后便被迫关闭，但其对现代设计的发展产生了深远的影响。

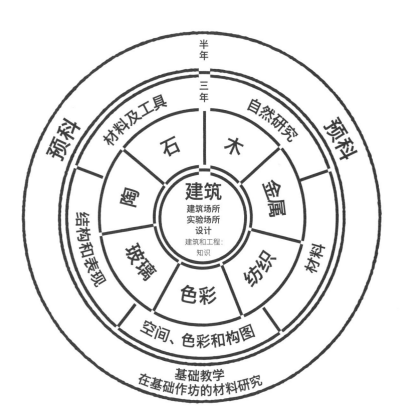

包豪斯课程结构图

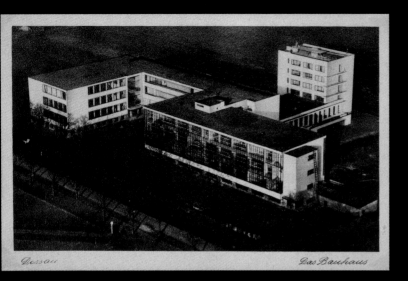

Dessau   Das Bauhaus

"德绍包豪斯大楼" 明信片

沃尔特·格罗皮乌斯，1883-1969

1926-1927 年

黑白照片

9cm x 14 cm

© 中国国际设计博物馆藏

该包豪斯大楼是 1925 年至 1926 年根据沃尔特·格罗皮乌斯的设计所建。就像这张空中摄影所展现的，该建筑通过不同的造型区分其主要功能区。它的侧翼建筑以不对称的方式被呈现出来。从照片上可以清楚地看到建筑的整体造型，这和仅看前立面是不同的。其重要组成部分包括作为商业职业学校（通过窗台强调的侧翼建筑）、装了玻璃幕墙的三层工坊区，以及带有突出阳台的五层宿舍大楼。一座桥和一栋连接性建筑把这些单个建筑相互联系起来。在支撑的建筑骨架外面所挂的玻璃幕墙构成了工坊区侧翼的外立面，通过玻璃人们可以看到建筑里面的结构。格罗皮乌斯使用玻璃直至建筑的边缘，这种方法使得建筑具有轻盈之感。

包豪斯大楼是借 1925 年包豪斯学校从魏玛搬迁到德绍的机会而自主设计的全新建筑。这栋 1926 年投入使用的大楼一直被视为现代主义建筑的经典之作。

该模型一次发行量为 100 件。项目管理为维特克（Wittek）建筑事务所。

包豪斯校长沃尔特·格罗皮乌斯 1925 年与德绍市长弗里茨·赫斯（Fritz Hesse）协商将包豪斯迁到德绍。德绍市长向格罗皮乌斯保证，不仅将学校建筑搬过去，而且还将兴建包豪斯大师的一批住宅，将校长的住宅和三套复式房安置在当时的布孔施塔特（Burgkühnauer）林荫道旁边，从这里可以直接步行到包豪斯学校。同包豪斯校舍建筑一样，德绍市是建筑业主。包豪斯大师在这里只是租住，受房子面积和特殊配置决定，租金相对较高。

这里有宽敞的工作室供艺术家使用，它的外墙装上了玻璃，成为这些房子最引人注目的设计元素。除了形式和功能单元外，强化的色彩设计同样值得注意——包豪斯大师康定斯基和克利用色彩设计元素将他们的房间变成吸引人的实验品。

格罗皮乌斯认为："一个房子的'生命'是从房子内发生的事情经过中产生的——一所住宅承载着居住、睡觉、洗浴、煮饭、吃饭这些功能，当房子整个建起来的时候，必然也就赋予了这些功能......建筑物的设计不能围绕设计本身展开，只应当从建筑物本身出发，从它应当满足的功能出发。""......建筑师不能只限于满足目的，除非，我们将我们的精神需求视为更高层次的需求，即要求房间和谐、声音悦耳、分段标准，感觉这样才能让房间变得有生气。"

博物馆藏品编号

№ **1945**

康定斯基和克利居住的大师之屋建筑模型

沃尔特·格罗皮乌斯，1883–1969

1925 年

木头、塑料

5cm x 16.3cm x 11.6cm

© 中国国际设计博物馆藏

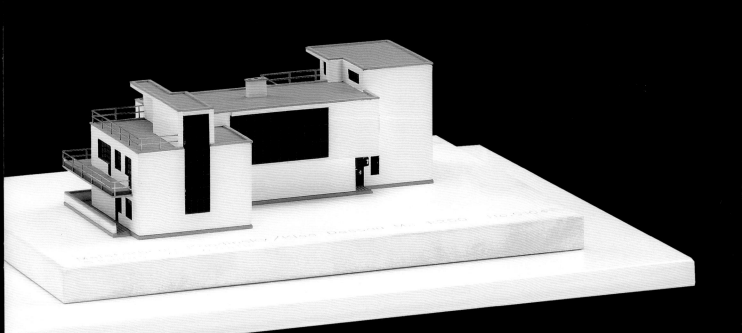

巴塞罗那椅，型号 90

路德维希·米斯·凡·德·罗，1886–1969

1929 年

钢条、手工焊接、皮带

长 83.3 cm，宽 66.2cm，高 78cm

座高 34cm

© 中国国际设计博物馆藏

1929 年巴塞罗那世界博览会上路德维希·米斯·凡·德·罗设计的巴塞罗那椅

1929 年路德维希·米斯·凡·德·罗为巴塞罗那世界博览会设计了一对椅子，被放在馆内左角。它由成弧形交叉状的不锈钢构架来支撑真皮皮垫，造型优美而且功能化。两块长方形皮垫组成坐垫及靠背。椅子当时是全手工磨制。这两把椅子以"巴塞罗那"命名，尽管生产方法不断被改变，巴塞罗那椅依然是包豪斯产品设计原则的代表，它将冰冷钢材与皮革结合起来，成为高贵的组合，是 20 世纪最著名和最流行的座椅之一。此件藏品为当时手工锻造样品。

这是迄今所知最早的勒维铸铜厂铸造的门把。圆状把手在接近底部处成为方形，与格罗皮乌斯设计的其他型号的门把不同。这个设计是传统的铜质材料与木质门板的完美结合，赋予其深厚的历史韵味。1922年首次出现了由几何形象组合而成的门把，出自格罗皮乌斯位于魏玛的私人建筑工作室。

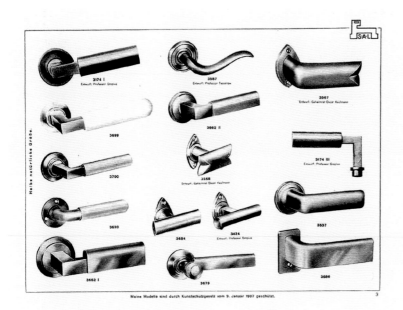

1930年的勒维铸铜厂的产品册内页，格罗皮乌斯设计的门把手系列

门把试样原型

沃尔特·格罗皮乌斯，1883–1969

1925 年

镀镍黄铜，安装于木台座

门把长 11.4cm，门把圆形构件直径 4.4cm，

钥匙孔圆形构件直径 4.4cm

勒维铸铜厂

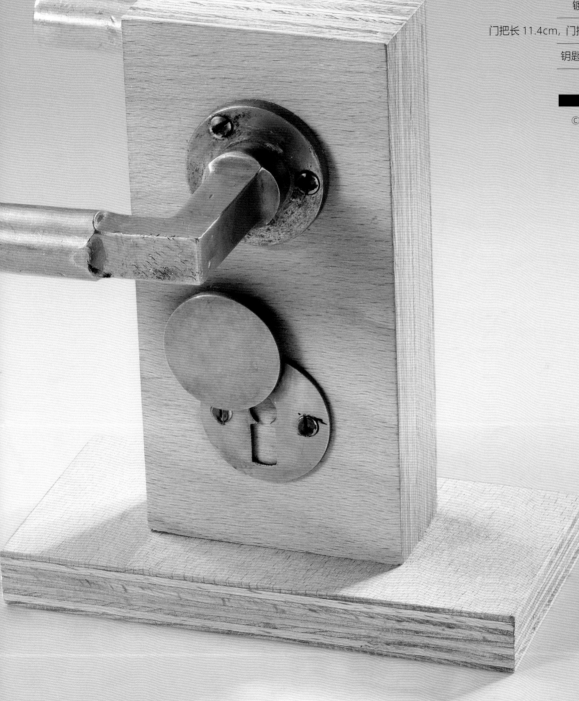

包豪斯工坊作品

20 世纪初的德国，诸多职业学校已经采取了工坊的教学方式，鼓励学生"在做中学"，但是这些工坊基本止于学生的手工练习，并没有和工业生产结合。沃尔特·格罗皮乌斯在包豪斯建立的系列工坊，旨在建立一个"新的、不为人知的工业和手工艺的合作"。这些"实验工作室"就成为了工坊与大批量生产结合的典型，通过学校与工业公司开展项目来实现促进教学和维持学校运营的目的。工坊根据不同的材质划分并命名，包括金属工坊、纺织工坊、陶艺工坊等等。一战后的德国百废待兴，包豪斯学校运营资金极为短缺，因此校长鼓励工坊与企业合作生产产品，所得收益用于维持学校的基本开支。个别工坊与企业的合作获得了短期成功，但由于学校生产条件所限最终无法完成大多数企业的订单。

历任校长	第一任校长：沃尔特·格罗皮乌斯（1919–1928）					
	魏玛时期					
	1919	1920	1921	1922	1923	1924
细木工和装配工坊						
木刻和石雕——造型艺术工坊			■ 1921 年取消艺术和手工以及雕塑方面的训练，追求学术研究。			
金属工坊	■ 学校成立的"全工坊"中有"金属－全部"的工作室。工坊能制作俄式茶汤壶和智能门把手。				■ 提出"为了工业生产服务"的产生了一系列的标准化灯具。	
陶瓷工坊	■ 工坊早期以传统设计为特点。		■ 旨在创造"与经济航线相一致的生产设施，生产流程适于大规模生产"。			
壁画工坊	■ 工坊在初期尝试承接委任失败之后，局限于自己学院的装饰工作。			■ 工坊集中研究了色彩现象并引进了一种个人技术培训的系统。		
印刷和广告工坊			■ 1921 年，印刷工坊进一步扩张。工坊几乎成为了 1922 年至 1923 年包豪斯大师和其他艺术家的服务产业。			
纺织工坊			■ 1921 年理论教学与工坊的手工分离开来，真正主题是绘画。在 1924 年成为真正的纺织工坊。			
戏剧工坊	■ 1919 年至 1923 年间深受立体主义影响，创作出《三人芭蕾》。					

时期							柏林时期	
25	1926	1927	1928	1929	1930	1931	1932	1933

■ 1926 年，马塞尔·布劳耶设计了"钢管扶手椅"，由此完成了从传统细木工到家具工坊的过渡。

■ 1928 年至 1930 年，价格合理的家具被用于大众家居。1929 年，工坊创造了一系列创新家具的标准模型。

■ 1930 年细木工、金属和装饰工坊整合进建筑系中。

里工坊改为"造型艺术工坊"，教学主对造型艺术空间和设计元素的￼究。

■ 工坊与宣传部门密切合作，但这并没有带来期望的经济上的自给自足。

■ 工坊被明确归类为属于"美术"的领域，这导致了该部门最终与其他工坊的事务隔离开来。

■ 工坊开始与公司签署订单。产品进入流通环节，其中很多是桌子、墙、标准灯，这些都变成今日的经典之作。

■ 到 1930 年末，超过 50000 盏包豪斯设计的灯具和照明设备被生产并出售。

■ 在柏林时期，包豪斯在被纳粹毁灭之前没有留下什么金属工坊的活动记录。

5 年初，陶瓷工坊与工业的合约斯内部起到了开拓性的作用。

■ 直到 1928 年，工坊的作品才在照明和纺织生产领域受到追捧。

■ 包豪斯仍然拥有卖掉工坊的权力，但工坊已不再生产任何陶器。

925 年到柏林时期，工坊研究不同颜色和材料的和谐度。

■ 壁画工坊经历了所有的艺术阶段，最终的阶段产生了成功的包豪斯壁纸。

5 年至 1932 年，印刷和广告工品是基于国际上对"基本的凹"的改革热情。

■ 该部门作为包豪斯的生产部门被正式接管，受到风格派和构成主义的艺术观念的影响。

■ 转变为专职于广告、致力于培养图形艺术家的教学工坊，结果在包豪斯 1933 年关闭前就消亡了。

■ 1926 年 10 月，包豪斯有了自己的染色作品，负责技术事务，设计一种全新的培训项目。

■ 在 1928 年，工坊活动的根本性重组，提倡织物和材料应当服务于某一目的。

■ 1930 年学生的数量持续下降。

■ 当包豪斯的反对者 1932 年 8 月在德绍镇议会上取得胜利之后，工坊里只剩下了三名学生。

5 年至 1929 年，包豪斯剧团始着实验性剧院的功能，剧团享自由。

■ 工坊被作为宣传共产党的剧院合作社。尤其是 1929 年，遭到了政治上的诽谤。

■ 到 1930 年，包豪斯剧团已经彻底没有价值，成为用于内部宣传鼓动的舞台。

1

这里展出的是伯格勒著名的设计系列里的一件制成品：一个组合式茶壶多个不同版本的其中之一。该系列的设计动机，以伯格勒自己的话说，起源于沃尔特·格罗皮乌斯。由格罗皮乌斯为了建筑合理化而推动的模件理论也被运用在日用瓷的计划性批量化大生产上。在设计这一系列的时候，伯格勒以传统茶壶造型为出发点，将其分解成单个的元素，并把它们精简成基本的几何形体。这些组成部分以一定的秩序排列起来，从而构成了一个全新的、与众不同的茶壶造型。在与包豪斯石刻工坊的合作中，这些组成部分被用石膏制成模型，并以四种不同的组合方式于 1923 年首次出现在包豪斯展览图录中，名为"为工业化大生产所制组合式茶壶石膏模型"。■

陶艺工坊

1919 年，雕塑家格哈德·马克斯（Gerhard Marcks）领导陶艺工坊。工坊被安排在约斯特·施密特（Joost Schmidt）在魏玛的烧窑。开始只有四个学徒。因设备不足，学生只能先用小雕塑来做实验。■

1920 年，陶艺大师马克斯·可利安（Max Krehan）被任命为新工坊的主任，包豪斯的陶艺系被转移到他在多恩堡的工坊，早期以传统设计为特点，运作的经费来源于出售他们生产的陶瓷。■

1922 年，格罗皮乌斯在包豪斯陶艺工坊倡导以更理性的方式生产功能性的日常用品，并与企业签订合同。这一举动促使可利安将自己的工坊交托给包豪斯。■

1924 年，陶艺工坊在多恩堡重组，包豪斯工坊成为实验和生产工坊，由形式大师马克斯监督，技术管理转移给奥托·林迪希（Otto Lindig），业务管理转移给特奥多尔·博格勒。目的在于创造适于大规模生产的生产设施与生产流程。■

最值得一提的是，陶瓷工人们与工场的合作在包豪斯内部起到了开拓性的作用。■

2

组合式茶壶

特奥多尔 · 伯格勒，1897–1968

1923 年

陶器，红褐色胎，茶壶内部挂黑色无光釉，

外部米色到红褐色渐变釉

长 15.5cm，宽 12cm，高 8cm

© 中国国际设计博物馆藏

1. 特奥多尔 · 伯格勒设计的组合式茶壶
2. 1923 年包豪斯学校的陶艺工坊

1. 康定斯基的著作《论艺术的精神》封面
2. 康定斯基撰写的包豪斯教材《点线面》

壁画工坊 / №O452

石版画

瓦西里·康定斯基，1866–1940

1923 年

纸，彩色石版印刷

37.5cm x 7.2cm

© 中国国际设计博物馆藏

这幅石版画的构图大约创作于 1913 年，是 1911 年以来康定斯基创作的表现主义的抽象作品之一。在 1921 年以前，康定斯基生活在莫斯科，并在那里担任绘画文化博物馆馆长的职务。对康定斯基向抽象转变起决定性作用的是他对印象派绘画的接受，特别是克劳德·莫奈（Claude Monet）的作品，还有他于 1911 年 1 月对阿诺德·勋伯格（Arnold Schönberg）音乐的接触。康定斯基的作品"结构"即指的是音乐的结构。康定斯基于 1922 年到 1925 年领导包豪斯的壁画工坊。■

壁画工坊

在建筑学领导下达成的艺术统一理念，为壁画工坊奠定了逻辑性基础。■

约翰内斯·伊顿和奥斯卡·施莱默（Oskar Schlemmer）在魏玛的第一个学期里依次上课。尝试承接委任失败之后，他们的活动就只局限于自己学院的装饰中。■

瓦西里·康定斯基于 1922 年到 1925 年执教于包豪斯的壁画工坊。他集中研究了色彩现象并引进了一种个人技术培训系统，从建立绘画基础到不同颜料和黏合剂的特点应用于绘画的不同种表现方式均有涉及。■

从魏玛到德绍，包豪斯最终从表现主义和回归手工艺的趋势中分离出来，转变成一种工业化的设计风格。从 1925 年到柏林时期，由辛纳克·施柏（Hinnerk Scheper）领导工坊。施柏不仅运用阴影，还追求不同颜色和材料的和谐度。壁画工坊曾经与制造商合作生产了著名的包豪斯壁纸。■

这套象棋是魏玛包豪斯先后生产的三套象棋中的最早版本，后经微小改动，在德绍包豪斯投入小型批量生产。柏林包豪斯档案馆收藏有包豪斯院长沃尔特·格罗皮乌斯遗留下来的在德绍包豪斯生产的最终版本的样本。关于这套象棋的设计方案，哈特维希自己如此解释："新的棋子是由三个基本的几何形体组成，即立方体、圆柱体和球体。它们单一出现，或者组合在一起，通过棋子的造型表现其走法，通过体积体现其身份。棋子的身份是通过高度和体积区分的：国王和王后最大，兵是最小的。马和象大小相同，它们的体积是车的一半。现有的棋盘被压在玻璃板下面。正方形的格子与立方体的棋子构成了十分明确的统一造型。重要的是从外观上区分棋子的身份，更重要的是俯视的时候也能一目了然。不同高度的棋子在棋盘上呈现出浮雕般的效果。"这里提到的作为棋盘使用的玻璃板不见于任何收藏，看来应为自己制作，所以它并未出现在包豪斯销售目录里。■

木刻和石雕——造型艺术工坊

木刻和石雕工坊旨在开发学生们与建筑相关的装饰形式的能力。1921 年，约瑟夫·哈特维希被任命为木刻和雕塑工坊的带头人。他公开反对艺术和手工以及雕塑方面的训练，而追求学术研究。1921 年夏天奥斯卡·施莱默被任命到雕塑工坊，随后到木刻工坊就任。此时的工坊只是参与了一些次要订单的辅助工作。■

学校迁到德绍后，雕塑工坊由施莱默和哈特维希共同领导。"造型艺术工坊"这一新的名称暗示着新的材料更适合设计。1925 年，约斯特·施密特被任命为造型艺术工坊的带头人，教学集中于对造型艺术空间和设计元素的一般研究。■

在汉内斯·迈耶的领导下，造型艺术工坊与宣传部门建立了密切联系。后者在 1928 年由约斯特·施密特领导。但这并没有带来原本期望的经济上的自给自足。■

1930 年秋天，米斯·凡·德·罗将造型艺术工坊明确归类为属于"美术"的领域，这导致了该部门最终与其他工坊的事务隔离开来。而造型艺术工坊的命运也注定失败。■

1

2

木刻和石雕——造型艺术工坊 / № **0619**

博物馆藏品编号

盒子里的 32 颗国际象棋

约瑟夫 · 哈特维希，1880–1955

1923 年

樱桃木，部分经酸洗呈黑色

长 15cm，宽 15cm，高 8cm

© 中国国际设计博物馆藏

1922 年，施莱默接受包豪斯委托设计一个新标识。施莱默在这个折页上采用了他在 1921 年纸夹设计中用过的严肃的几何形状的侧脸作为装饰，这可以追溯到他 1913 年所作的海报设计。1922 年所作的纸夹作品上的人头被一个写有名字的圆环环绕，它被用作包豪斯的标识，代替了以前的卡尔·彼得·勒尔（Karl Peter Röhl）设计的卢恩字母人形标识。它以各种变体多次出现在 1923 年包豪斯展览的广告、明信片和海报上。■

包豪斯的新标识最终确定为一个严肃的、风格化的人类侧脸。它不仅仅是几何形体的单纯组合，从功能上讲，侧脸的所有部分都是由现有的图形元素组成。其他的简化版也是如此。包豪斯的第二阶段转向结构主义就是从 1922 年开始的。人是所有艺术创作的根本出发点。在德绍包豪斯，人即是为新人类创作的新世界的形象，是工作的目标。所以并不稀奇，这个标识在包豪斯的第三阶段即功能主义阶段，直至米斯·凡·德·罗，经过图形简化，一直被作为印章使用。■

戏剧工坊

《三人芭蕾》是由包豪斯剧团打造的著名舞蹈作品，当时只有 3 个演员和 18 套服装，演出于学校大厅的舞台，演出费用全部依赖于看剧的观众。1922 年到 1932 年间只有约 1000 人观看过此剧。1938 年，18 件雕像中的 9 件在纽约展出，由此揭开它重塑的历史。经过舞蹈家的重新编排，《三人芭蕾》开始上演。■

洛塔·施莱尔（Lothar Schreyer）在 1919 年至 1923 年间担任包豪斯剧团第一任团长，在当时深受立体主义影响。■

奥斯卡·施莱默很快成为包豪斯剧团的领导人物。1925 年至 1929 年，他创立了"节日剧院"这一理念。包豪斯剧团始终保留着实验性剧院的功能，剧团享有充分自由，甚至最终采纳了革命立场。■

汉内斯·迈耶成为校长之后，试图利用剧院的机械化将其变成宣传共产党的剧院合作社。到 1930 年，迈耶领导的包豪斯剧团已经彻底没有价值，成为用于内部宣传鼓动的舞台。■

戏剧工坊 / №**1084**

带包豪斯校徽的门票

奥斯卡·施莱默，1888–1943

1929 年

纸上印刷

5.8cm x 8cm

© 中国国际设计博物馆藏

这个生产于包豪斯后期的胶合板板凳，在构想和技术上可以说是对于马塞尔·布劳耶1924 年为尼伦道夫画廊（Die Galerie Nierendorf）设计的木凳的改进版。木凳由包豪斯木工坊制造，而凳面织物则出自纺织工坊。霍夫曼的板凳体现出一种有机造型语言，一直影响到 1950 年代的设计。这个板凳本为休伯特·霍夫曼的遗物，是六个（并非一套）样板中的一个。■

纺织工坊

纺织工坊于 1921 年成立。1923 年，工坊开始承接项目。1924 年秋，格罗皮乌斯全面完善了纺织工坊。■

1925 年，学校迁至德绍。京塔·斯特尔策（Gunta Stölzl）任工坊老师，乔治·穆赫（Georg Muche）作为形式大师投入到艺术和建筑中，最终于 1927 年辞职并离开。1926 年，工坊搬到德绍。包豪斯有了自己的染色作品，由丽思·贝耶（Lis Beyer）运作，由科特·万科（Kurt Wanke）负责技术事务，京塔·斯特尔策则设计了一种全新的培训项目。■

1928 年，汉内斯·迈耶着手开展了工坊活动的根本性重组，提倡织物和材料应当服务于某一目的。设计课由保罗·克利教授。在 1929 年秋，艾尔伯斯短时间担任工坊的副主任。■

1930 年，米斯·凡·德·罗担任校长，莉莉·莱希于 1932 年真正来到工坊上任，她成功地为织物印花赢得了更高的地位。当 1932 年 8 月包豪斯的反对者在德绍镇议会上取得胜利之后，工坊里只剩下了三名学生。■

1921 年从球面镜中拍摄的细木工坊照片。收藏于柏林包豪斯博物馆

木工坊 & 纺织工坊 / № 2768

包豪斯木工坊与纺织工坊合作的板凳

休伯特·霍夫曼，1904–1999

京塔·斯特尔策，1897–1983

约 1933 年

山毛榉胶合板，镀镍铁管，织物

长 45cm，宽 44cm，高 42cm

© 中国国际设计博物馆藏

为了加速因迁往德绍而中断的包豪斯生产，包豪斯工坊首次发行制作样品的目录，在一个写有供货条件的折页里有这个散装的产品说明。这个目录由赫伯特·拜耶（Herbert Bayer）设计，产品照片通过强烈对比凸现产品本身。旁边的文字呈块状分布，并以一分钟读完为限，只写出重点词。有些采用方框以示强调，产品名称被放在圆圈里。在这张印刷量为 1000 张的目录单页上介绍的是包豪斯金属工坊的产品：上面是约瑟夫·克瑙（Josef Knau）设计的茶叶过滤球，而下面的茶叶过滤球是沃尔夫冈·图佩尔（Wolfgang Tümpel）的作品，还有威廉·华根菲尔德（Wihelm Wagenfeld）设计的茶叶过滤球容器和茶罐。 ■

印刷和广告工坊

1925 年到 1932 年是印刷和广告工坊实际存在的时间，在三任校长领导的三个不同时期，其目标和工作方式也有着根本的改变。格罗皮乌斯时代，在赫伯特·拜耶的领导下，产品和广告是基于国际上对"基本的凹版印刷"的改革热情，这更加强烈地激发了包豪斯的广告兴趣。 ■

在汉内斯·迈耶的领导下，该部门作为包豪斯的生产部门被正式接管，并且提高了其在学校的地位。工坊吸收了风格派和构成主义的艺术观念，工坊的领导者约斯特·施密特正在开发三维广告的形式，这将使得产品质量和公司品质的展示更加直观。施密特刚刚达成他的梦想，在"广告工坊"之外创建一个集合摄影和艺术造型的附属部门"广告协会"，工坊就在米斯·凡·德·罗的手中再一次变回了专职于广告、致力于培养图形艺术家的教学工坊，结果工坊在包豪斯 1933 年关闭前就消亡了。

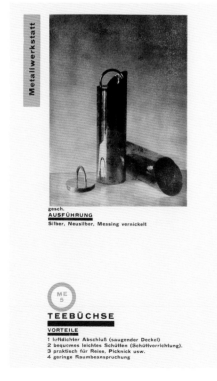

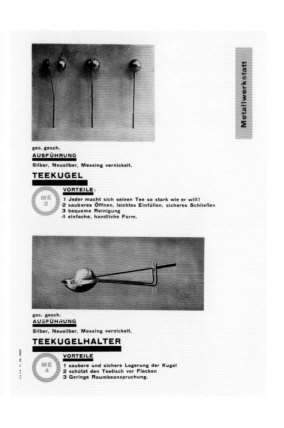

博物馆藏品编号

Metallwerkstatt

印刷和广告工坊 / № **3417**

ME 3、ME 4、ME 5 样品目录附页

赫伯特·拜耶，1900–1985

1925 年

铜版纸凸版印刷

29.2cm x 21cm

gesch.
AUSFÜHRUNG
Silber, Neusilber, Messing vernickelt

ME
5

TEEBÜCHSE

金属工坊
THE METAL WORKSHOP

在金属工坊，灯、光亮、铁线、电线，发光、融化、硬化——所有这些都是金属工作者的艺术工具。包豪斯成员认为，改变生活的方法不仅仅是依靠更纤细的叉子或是实用的灯，而是最终将"住所"拉入其自身的时代。1919 年，第一个工坊领导人是金匠瑙姆·斯卢茨基（Naum Slutzky）。工坊是一个能制作俄式茶汤壶和智能门把手的地方。1925 年，包豪斯迁到德绍。很多包豪斯家具都在一次爆炸中被毁坏。在柏林的短暂历史中，包豪斯在被纳粹毁灭之前没有留下什么金属工坊的活动记录。

1.1923 年魏玛包豪斯的金属工坊
2.1927 年在莱比锡举办的欧洲装饰艺术展中的包
　豪斯金属工坊作品

2

茶壶照片

沃尔夫冈·图佩尔，1903–1978

约1927年

明胶银版洗印

11.4cm x 8.6cm

© 中国国际设计博物馆藏

该照片诞生于哈勒的沃尔夫冈·图佩尔工坊。照片上展示的是一个茶壶的模型，它由几何体造型构成。该茶壶是由包豪斯的学生沃尔夫冈·图佩尔制作的一件非常重要的金属制品。与后来的小壶嘴相比，照片上的这把茶壶以大壶嘴为特色。

这件由几何形体构成的茶壶与原型相比缺少了壶嘴，只有一个很小的出水口。出水口紧挨壶身，使得这个造型十分结实。另一件由沃尔夫冈·图佩尔设计，造型相同但体积更大的茶壶（黄铜、镀镍）被收藏在柏林的包豪斯档案馆（Bauhaus Archive/Museum of Design）。

WA24 号台灯

威廉·华根菲尔德，1900–1990

卡尔·雅各布·贾克，1902–1997

1923 年 / 1924 年

黄铜，钢，镀镍，黑漆金属，乳白玻璃

高 37cm

泰克诺鲁门公司

© 中国国际设计博物馆藏

沃特尔·格罗皮乌斯的魏玛包豪斯校长办公室，
1924 年

"这盏台灯，作为机械生产的典范，造型上达到了最大的简化，生产所耗时间和材料上达到了最大程度的节约。一个圆形底座、一个圆柱形支架以及一个球形罩子，即是其重要组成部分。"（威廉·华根菲尔德，见《青年》1924 年）这盏台灯以其最基本的结构，给人以朴实之感，进而产生了一种风格独特的、优美的感觉。该台灯有多种版本：有用玻璃做底座和支架的，也有用金属做底座和支架的。这里展示的这盏台灯是根据原型制作的特别版。这个版本的灯罩是四分之三球形的。◼

这盏台灯体现了包豪斯金属工坊在拉兹洛·莫霍利–纳吉的带领下，从传统的金银锻造车间向富有试验性的、面向工业生产的工坊的转变。它是最著名的早期工业设计作品之一。1982 年它赢得了国家奖"最佳造型"奖。（Bundespreis，国家奖，全称"Der Bundespreis für Handwerk in der Denkmalpflege"，"手工业保护国家奖"，1993 年由德国保护基金会 Die Deutsche Stiftung Denkmalschutz 创立）。◼

德国照明制造商泰克诺鲁门公司是于 1980 年由瓦尔特·施奈普（Walter Schnepel）在不莱梅（Bremen）成立的，起初只是进行单一的灯具生产，即生产这盏世界著名的包豪斯台灯（WA24 号）。

这个茶壶的设计采用几何元素，设计方案以圆圈和球体为出发点，运用简洁抽象的形式语言传达自身的实用功能。银质的新型材料与传统的乌木材料相结合，革新性与功能性并重，美观与耐用并存。此茶壶原属于由六个器皿组成的整套豪华银茶具，但没有做成系列产品。这个茶壶最初被制作于魏玛包豪斯的金属工坊。

赫伯特·拜耶 1925 年设计的包豪斯产品的样品目录单页，内容为 1924 年玛丽安娜·布兰特设计的茶壶

MT50-55a 茶具中的茶壶

玛丽安娜·布兰特，1893-1983

1924 年

银质，手柄为乌木

高 18.5cm

© 中国国际设计博物馆藏

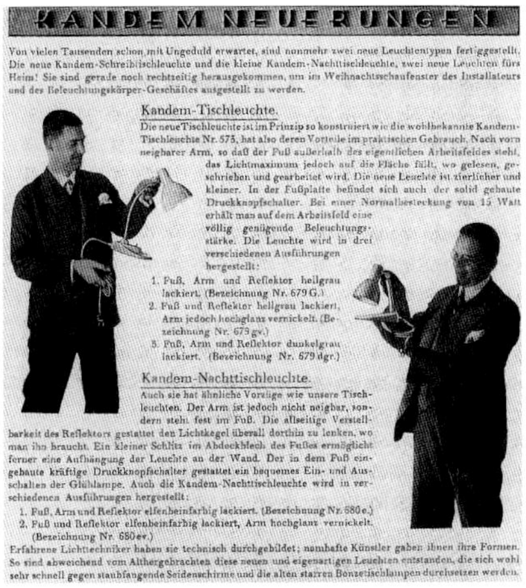

№ **BAA 0193**

KANDEM NEUERUNGEN

夜灯

玛丽安娜 · 布兰特，1893–1983

1928 年

铁片，锻压，铝面上亚光漆，灯头螺丝

黑色塑料，底座盖板包绿色毡子

高 25.5cm

科廷 & 马蒂森股份公司

/ 坎德姆灯具公司

© 中国国际设计博物馆藏

坎德姆台灯的广告页

这是根据玛丽安娜 · 布兰特的设计特别制造的夜灯模型，型号为 680 号或者 702 号。这个样本被漆成了相当少见的红色，通常所见漆为象牙色。通过科廷 & 马蒂森股份公司与玛丽安娜 · 布兰特之间的通信，我们可以得知，公司十分重视台灯样品的不同色彩，以 "使人们在大型旅馆可以拥有夜间照明的多种变化"，"在坎德姆照明设备里，这种类型的夜灯首次出现。其设计虽然理论上可以与台灯相较，但因其用途也有它自身的特点。经过反复推敲设计凸现了其作为夜灯的功能。这盏灯开关触碰时仍能保持稳定。反光罩可以左右旋转，从而当读书时使所需光线聚集于一处"。

Kandem-Tischleuchten

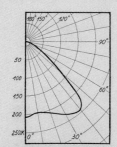

Lichtverteilungskurve
der Kandem-Schreibtischleuchte.
(Kurve entspricht einem Licht-
strom der nackten Glühlampe
von 1000 Lumen, ca. 85 Watt,
und einer Lage des Leucht-
systems bei Verwendung einer
15 Watt-Lampe)

**Für
15—40 Watt**

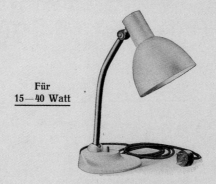

Gesamthöhe = 380 mm
Höhe der Reflektor-Unterkante über Tisch-
ebene = 100 bis 200 mm
Reflektor-Durchmesser = 140 mm

1. Lichtwirkung. Der tiefe Reflektor ist innen nach einem besonderen Verfahren mit einem vorwiegend spiegelnd-reflektierenden Aluminiumbelag versehen und verteilt das Licht breit und gleichmäßig über die Arbeitsfläche, schützt vor Blendung und gibt bereits mit einer 15 Watt-Glühlampe ausreichende Beleuchtung. Die Leuchte kann aber auch bis 40 Watt besteckt werden.

2. Anwendung. Für Schreibtische und ähnliche Arbeitsplätze.

3. Ausführung. Moderne Form. Der aus starkem Blech hergestellte Reflektor mit Dom ist aus einem Stück gezogen und bildet ein festes Ganze als Handgriff beim Verstellen. Er ist durch ein Doppelgelenk neigbar und seitlich schwenkbar. Der Leuchtenarm ist durch sein Reibungs-Fußgelenk neigbar. Durch Vorneigen des Armes und Seitlichdrehen des Reflektors wird das gesamte Licht auf die Arbeitsfläche gelenkt ohne zu blenden. Der Schalter ist im Fuß eingebaut. Die 2 m lange Gummischlauchleitung mit Stecker ist innerhalb des Fußes mit V. D. E.-vorschriftsmäßiger Zugentlastung angeschlossen. Auf Wunsch liefern wir die Leuchten auch ohne Schnur und Stecker. Der Fuß hat eine Tuchunterlage. Die Leuchte wird in folgenden verschiedenen Farbgebungen geliefert:

Nr. 679 g. Fuß, Arm und Außenfläche des Reflektors **hellgrau lackiert**
Preis **mit** Schnur und Stecker RM. **36.—**, Bestellwort: **elint**, Gewicht ca. 1,8 kg
Preis **ohne** Schnur und Stecker RM. **32.85**, Bestellwort: **elusa**, Gewicht ca. 1,6 kg

Nr. 679 gv. Fuß und Außenfläche des Reflektors **hellgrau lackiert**, Arm **hochglanz vernickelt**
Preis **mit** Schnur und Stecker RM. **40.—**, Bestellwort: **elips**, Gewicht ca. 1,8 kg
Preis **ohne** Schnur und Stecker RM. **36.85**, Bestellwort: **eluvs**, Gewicht ca. 1,6 kg

Nr. 679 dgr. Fuß, Arm und Außenfläche des Reflektors **dunkelgrün lackiert**
Preis **mit** Schnur und Stecker RM. **35.—**, Bestellwort: **elivr**, Gewicht ca. 1,8 kg
Preis **ohne** Schnur und Stecker RM. **31.85**, Bestellwort: **elymc**, Gewicht ca. 1,6 kg

Körting & Mathiesen A.-G., Leipzig-Leutzsch
Postanschrift: Leipzig IV 35

A. Nr. 8464. XI. 28. 30000.

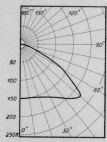

Lichtverteilungskurve
der Kandem-Nachttisch-Leuchte.
(Kurve entspricht einem Licht-
strom der nackten Glühlampe
von 1000 Lumen, ca. 85 Watt,
und einer Lage des Leucht-
systems bei Verwendung einer
15 Watt-Lampe)

1. Lichtwirkung. Der kleine tie fahren mit einem vorwiegend s und gibt bereits mit einer 15 W Beleuchtung.

2. Anwendung. Für Nachttischb

3. Ausführung. Der aus starke einem Stück gezogen und bilde Er ist durch ein Doppelgelenk ausstrahlung in jede gewünscht der Reflektor in ungefähr horizo man dagegen ein ganz gedämpf blick im Raum hat und die Ül Reflektor nach unten gedreht, Abbildung B). Zwischen unterem gedämpftes Licht heraus. — Di versehen, das auch Aufhängung eingebaut. Die 1 m lange Gum schriftsmäßiger Zugentlastung a auch ohne Schnur und Stecker. in folgenden verschiedenen Far

Nr. 680 e. Einfachere Ausführu
Fuß, Arm und Außenfläc
Preis **mit** Schnur und
Preis **ohne** Schnur und

Nr. 680 ev. Vornehmere Ausfüh
Fuß u. Außenfläche des R
Preis **mit** Schnur und
Preis **ohne** Schnur und

Körting & Mathi
Posta

A. Nr. 8463. XI. 28. 30000.

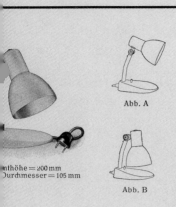

Preisblatt Nr. 8463

ttisch-Leuchte

Abb. A

Abb. B

enthöhe = 200 mm
Durchmesser = 105 mm

25 Watt

or ist innen nach einem besonderen Ver-
eflektierenden Aluminiumbelag versehen
mpe auch zum Lesen völlig ausreichende

in Hotels, Krankenhäusern und im Heim.
hergestellte Reflektor mit Dom ist aus
s Ganze als Handgriff beim Verstellen.
d seitlich schwenkbar, so daß die Licht-
gelenkt werden kann. Zum Lesen wird
ung gestellt (siehe Abbildung A); wünscht
ei dem man nur einen allgemeinen Über-
Nachttisch erkennen kann, so wird der
auf den Fuß der Leuchte strahlt (siehe
rand und Leuchtenfuß kommt dann ein
atte des Fußes ist mit einem Øsenloch
nd gestattet. — Der Schalter ist im Fuß
eitung mit Stecker ist mit V. D. E.-vor-
n. Auf Wunsch liefern wir die Leuchten
at eine Tuchunterlage. Die Leuchte wird
geliefert:

xtors **elfenbeinfarbig lackiert**
31.—, Bestellwort: ellop, Gewicht ca. 1,34 kg
28.50, Bestellwort: elysi, Gewicht ca. 1,20 kg

einfarbig lackiert, Arm hochglanz vernickelt
36.—, Bestellwort: ellyf, Gewicht ca. 1,34 kg
33.50, Bestellwort: emamo, Gewicht ca. 1,20 kg

A.-G., Leipzig-Leutzsch
Leipzig IV 35

坎德姆夜灯价目表

玛丽安娜·布兰特，1893–1983

辛·布雷登迪克，1904–1995

1928 年

纸质印刷

22.2cm x 15.2cm（无框）

44.2cm x 34.3cm（有框）

科廷 & 马蒂森股份公司

/ 坎德姆灯具公司

这两个价目表是玛丽安娜·布兰特和辛·布雷登迪克共同修订过的。图中是产自 1924 年的坎德姆牌台灯（新的型号为 679 号）和新产品夜灯（680 号），两种产品都于 1928 年投入市场。此价目表还提到了有分光轴的 679gv 型（该型号有闪光的镀镍灯臂、被漆成灰色的灯座和灯罩）以及它作为旅馆、医院和居家夜间照明器材的功用。在夜间照明器材方面，这里得到了特别强调，因为灯罩里面的铝涂层的镜面反射作用，15 瓦的白炽灯泡已足够满足阅读需求，因此该设计还达到了节能的目的。■

680ev 型的现代造型："用硬铁板制成的灯罩是整体成型的，形成一个稳固的调节的手柄。通过一个双向活动关节，它可以前后及左右活动。一个可滑动的底座关节使得灯臂也能前后调节。调节前倾的灯臂以及左右转动灯罩可以使灯光在不刺眼的情况下遍布整个工作区域。带插头长两米的电线被固定在灯座上。"

设计与社会生产

DESIGN & SOCIAL

MANUFACTURE

德国莱比锡展览会（Leipzig Exhibition）上，大量的厂商向包豪斯订购设计作品，但受到当时作坊条件所限，这些订单始终没有完成。1929 年壁纸生产商朗饰公司与包豪斯学院合作，当时学生就墙纸的设计展开了一场竞赛，由约瑟夫·艾尔伯斯等老师进行主持，最终生产出著名的包豪斯壁纸。设计为工业大生产及其产品注入了活力，在历史图像中我们可以看出这一时期独特的工业美学。

机器研究摄影

皮埃特·茨瓦特，1985-1977

约 1930 年

银感光照片

13.2cm x 18cm

这套照片属于茨瓦特摄影作品中的机器研究系列，体现出伴随 20 世纪上半叶的机械化大生产而出现的工业美学。摄影作品中也敏锐地捕捉到了工人的真实面貌，反映出工业生产中人与机器的微妙关系。茨瓦特擅长发现光影下机器的优雅的形式美，是将摄影应用于平面设计的先驱之一。

1923 年包豪斯学校综合作品展
THE BAUHAUS EXHIBITION IN 1923

1923 年 8 月包豪斯在魏玛举办了一次综合性展览，受到了政府和制造商的一致好评。此次展览是包豪斯向地方政府做的第一个重要的工作汇报，对继续获取财政支持非常重要。尽管校长格罗皮乌斯对工坊生产尚不满意，而且工坊完成的可用成品数量不多，但他还是决定接受图林根当地政府的条件，向公众展示了包豪斯的理念和成果。这次展览宣告了包豪斯的一个重大转变：设计技术成为当时工作的主要领域，以工业和制造业的机械化方法为导向。格罗皮乌斯为包豪斯制定了全新的、明确的教学理念，提出了"艺术和技术——一种新统一"的口号。

来自教学、工坊和大师们的自由美术作品也作为展品参展，同时还有国际建筑展出。赫伯特·拜耶和约斯特·施密特为教学楼做了立面设计，而工坊大楼的墙壁由奥斯卡·施莱默负责设计。校长办公室采用了格罗皮乌斯的设计，全部用包豪斯的细木工、纺织、壁画和金属工坊的作品来装修。8 月，"包豪斯周"开始，有舞台表演、演奏会和讲座。这次展览吸引了来自国内外的许多观众。

工坊作品主要集中在一座实验性的建筑中展示，这座建筑就是由乔治·穆赫设计的霍恩街样板住宅（Haus am Horn），又称"号角屋"。该建筑由包豪斯的各个工坊联合修建完成，旨在获取一个"完整的艺术作品"。格罗皮乌斯提出的建筑工作工业化在"霍恩街住宅"项目中得以实验。包豪斯要用这个建筑来记录其生产设计活动的过程。作为一个样板展示室，该楼用于展示建筑技术的艺术现状，例如：用大块的废弃混凝土做围墙，用泥炭在双面内外墙之间进行隔热。

1923 年的展览意在展示一种变革的生活，一种新的未来"生活的经济"，"在这所完美规划和实施的住宅中，家具、设计品质和技术现代化各方面在当时都是全新的"。房屋内部的装饰是由包豪斯工坊提供的，其中还包括了标准化厨房家具的先驱——第一套整体厨房，后来以"法兰克福厨房"的名字为人熟知。霍恩街样板住宅与当时社区住宅设计最大的不同是把家庭置于集体社区之上，强调私人空间独立于公共空间。

第一届包豪斯展览会在实验性房屋"霍恩街住宅"中取得宣传方面的巨大成功之后，包豪斯工坊于 1923 年开始定位于生产展览和贸易会的标准产品。在 1924 年斯图加特工艺联盟展览会"无装饰的设计"上，包豪斯工坊参展，它在莱比锡展览会（Leipzig Exhibition）的出现也带来了大量的委托任务。

1923 年由格奥尔格·穆赫设计的霍恩街样板住宅

明信片是 1923 年包豪斯综合展览的宣传品之一。明信片展示的是一个有力的三角形，这个三角形的顶端在巨大的黑色圆里面移动，左下侧的小红色正方形触碰到了黑色的圆形，这个带着几何基本形式的草图展示了包豪斯造型基础的结构性。

"第十一次包豪斯展" 明信片

赫伯特·拜耶，1900–1985

1923 年

纸上平版印刷

15.5cm x 9.8cm

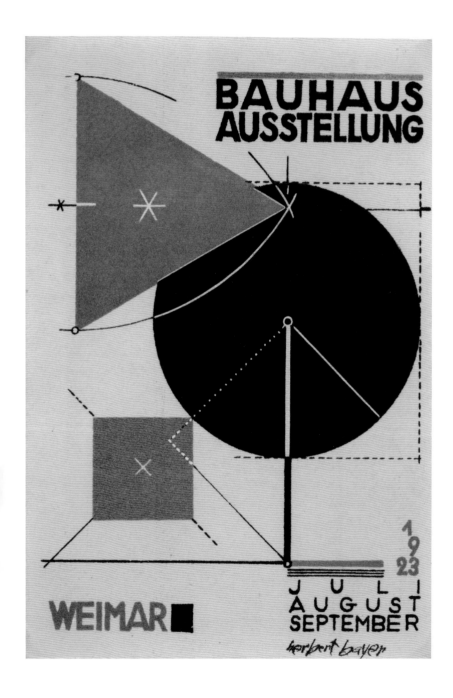

1.1930 年朗饰墙纸公司生产的包豪斯墙纸册
2.1931 年约斯特·施密特设计的朗饰墙纸公司的
　广告手册，题为"未来属于包豪斯墙纸"

设计制造亦敌亦友？ 朗饰壁纸和包豪斯
DESIGN AND PRODUCTION, FRIENDS OR FOES? RASCH WALLPAPER AND THE BAUHAUS

当现代主义审美观念在欧洲萌发之际，许多传统行业受到了严重的冲击，如何在危机中生存成为他们必须面对的现实问题。壁纸生产厂朗饰公司是成立于 1861 年的家族企业，壁纸作为传统室内装饰中的重要材料，在 19 世纪中一直代表了小资产阶级对美好家居设计的集中想象。但包豪斯的师生带来了全新的现代主义理念，他们希望将建筑材料与结构不加掩饰地展示在大家眼前，因而反对壁纸的使用。德绍的包豪斯校舍完美地体现出这种新观念，各种彩色的油漆或特殊的涂层虽然没有取代壁纸但却无疑更符合新设计师的要求。在新思潮的影响下，朗饰公司产品的销量受到严重威胁，他们意识到只有改变自身才能适应市场的需求。

朗饰公司与包豪斯的合作开始于 1928 年，由朗饰家族的成员玛利亚·朗饰（Maria Rasch）促成，她于 1919 年至 1923 年就读于魏玛包豪斯。尽管当时激进的汉内斯·迈耶并不赞同与朗饰的合作，但政治与经济上的双重压力还是让他最后妥协。1929 年迈耶号召所有的学生参与朗饰公司举行的壁纸设计竞赛，最终 14 款壁纸胜出。它们用直线与圆点的抽象组合以及明快的色彩取代了传统的花纹图案。这些来自壁画工坊中的经验以壁纸为媒介通过大生产的方式得以应用，对包豪斯来说，也是将艺术与手工艺的经验转化到实际生产中的重要训练。配合迈耶的名言"人民的需要，而不是奢华的需要"，朗饰公司迅速将这些款式投入市场，包豪斯壁纸的销售额成为了公司的经济支柱，同时也为包豪斯带来了不错的收益。

当米斯·凡·德·罗来到包豪斯后，朗饰公司与包豪斯的合作日趋减少，在米斯极简主义的观念中，空间、材料与表面都没有壁纸生存的空间，公司只能在原有合同的范围内进行有限的活动。1932 年，德绍当局关闭包豪斯后，朗饰与包豪斯解除了合同关系。1933 年，公司通过法院成功地购买了包豪斯壁纸的商标版权，开始了独立设计之路。虽然结束了和包豪斯的合作，但在后来的几年中，朗饰公司仍持续支持着米斯及其团队的设计工作。

二战之中，朗饰公司的产品为了迎合市场，也被短暂的复古潮流所影响。1948 年之后朗饰公司的生产变得更加多元，在传统与现代之间寻求平衡，成为享誉全球的壁纸品牌。

包豪斯墙纸

包豪斯壁画工坊

1930 年

墙纸用纸，绿色印刷，麻印效果

50cm x 70cm

朗饰壁纸制造有限公司

包豪斯墙纸是包豪斯工坊和工业生产商合作的最重要产品。1929 年起出于朗饰墙纸公司的委托，由包豪斯壁画工坊设计而成，并在此工厂中生产和销售。包豪斯墙纸的成功主要在于耐用的标配、技术和设计的完美结合以及低价的广告设计。该墙纸的广告由德绍包豪斯的约斯特·施密特带领广告工坊的学生设计。最后的成功因素则是作为研究机构的包豪斯的声誉效应。

威廉·华根菲尔德自 1931 年开始同耶拿肖特玻璃制品公司（Jenaer SCHOTT AG）合作，设计了一系列的耐火玻璃制品，这套不受流行样式影响的茶具即是其中之一。这些茶具都是模压成型的玻璃器皿，没有装饰，强调的是简洁的线条和微妙的形体。其设计符合人体工学的原理，拿在手上完全不会打滑。这一设计成功地实现了威廉·华根菲尔德对工业大批量生产进行艺术革新的想法。

玻璃茶具

威廉·华根菲尔德，1900–1990

1930 年

无色耐火玻璃

茶壶高 11.5cm，奶杯高 5cm

糖罐高 5cm，茶杯高 4cm

托盘直径 28.5cm

茶杯托盘直径 16.5cm

耶拿肖特玻璃股份有限公司

© 中国国际设计博物馆藏

这幅新客观主义摄影家拍摄的作品中，装有茶水的茶壶和两个茶杯被放在配套的托盘上。圆形的茶壶造型与方形背景形成鲜明的对比。∎

摄影师

阿尔布雷希特·任格－帕茨克是德国摄影师。他从 1923 年至 1924 年在柏林从事摄影工作，1926 年成为独立工作的自由摄影师。1929 年底他迁居到埃森（Essen），并开办了自己的工作室。1930 年他在纽伦堡的德国最大的摩托车生产商聪达普工厂（Zündapp, 全称 Die Zünder–Apparatebau–Gesellschaft m.b.H.）拍摄作品。1933 年，他短期接替马克斯·布洽兹（Max Burchartz）在埃森弗尔克范格学院（Die Folkwangschule Essen）的摄影教职。同时，他接受大量的工业拍摄委托，例如柏林格（Boehringer）、佩利坎（Pelikan）、舒伯特 & 泽尔策（Schubert & Salzer），以及哈克咖啡（HAG）等公司的委托。

博物馆藏品编号

№ **O934**

威廉·华根菲尔德茶具的广告照片

阿尔布雷希特·任格 — 帕茨克，1897–1966

1935 年

相纸

16.6cm x 22.3cm

这台咖啡机是 Sintrax 咖啡机现今所知唯一的早期样式，是带有原始燃烧器的最早版本。这是一件极富理性化的设计，非常适合工业化生产，其造型语言体现出功能主义的美学思想。它是最早带有鲜明特色的、引领创新潮流的工业形象之一。

Sintrax 咖啡机

格哈德·马克斯，1889–1981

1924 年

无色耐火玻璃、金属、橡胶、黑色防腐

木头、镂空的石质过滤器

高 40.5cm，直径 16cm

耶拿肖特玻璃股份有限公司

© 中国国际设计博物馆藏

人居方式革新运动——白院聚落
NEW DWELLING-WEISSENHOFSIEDLUNG

在德国，1920 年之后的现代化生活，除了现代主义风格的家具成为时尚之外，还包括了城市化、持续膨胀的城市人口和随之增加的中下阶层劳动者。

这促使了德国的人居方式的一系列革新，其实质是生活方式的理性化设计。在这场运动中，德意志制造同盟等设计机构扮演了重要的角色。1927 年德意志制造同盟在斯图加特举办了名为"住宅"的展览，展示白院聚落的社区建筑。白院聚落的住宅实际上是制造同盟邀请德国著名建筑师和设计师操刀的代表新人居方式的样板社区。1929 年，德意志制造同盟举办了名为"居住于工作空间"的样板房展览。同年的国际现代建筑协会（CIAM）二次会议的主题定为"最小的生活住宅"（minimum existence dwelling）。

这些展览和住宅项目为全新的现代化社会提供了解决大众住宅理性规划的模型：通过大型房产提供标准化的公寓、色彩明丽的外墙，有幼儿园、公共洗衣房、商店等配套设施，通过新的交通工具与市中心互通，户外风景与住宅相融合。住宅区把现代设计和建筑应用到了公众生活中，这些不无争议的社会工程的理论基础是通过设计卫生、健康、融洽、自治的社区来建构理想社会的理念。这种观念及相关实践的确改变了人群的聚集方式，尤其是居住者之间的社会关系，形成了现代的社区形态。理性化除了应用在公共领域，还体现在家庭的财务、烹饪、装饰、儿童教育、卫生保健等方面，家庭管理也首次被人们看成是一门科学。在以家庭为核心的人居观念更新的同时，新技术也为这场生活方式革新运动注入了活力。新技术的融合体现在建筑、杂志、海报、广告、书籍等的设计中，把家庭生活放在了更广阔的现代化议程上。

1

1.2004 年拍摄白院聚落联列式住宅区鸟瞰图

2. 白院聚落联列式住宅区建筑外景

3. 白院聚落联列式住宅区建筑

4. 白院聚落建筑规划图

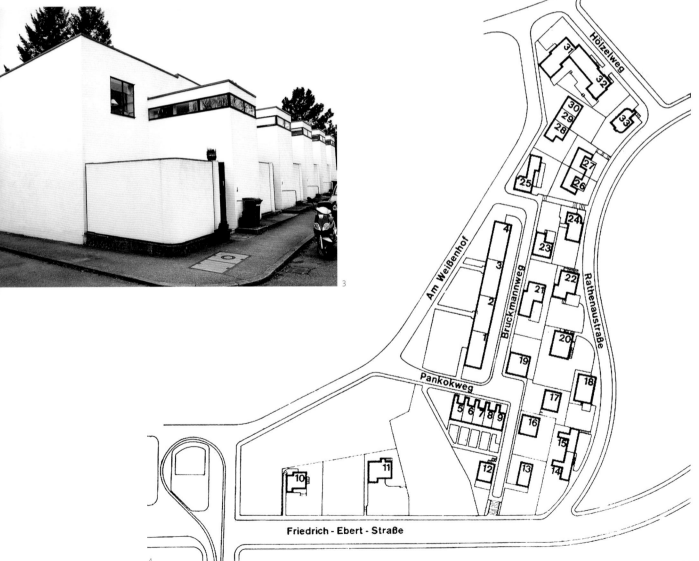

这张照片展示的是斯图加特白院聚落样板社区模型的南面。此模型制作于 1927 年，由 33 栋建筑构成。从反面贴的广告印花推测，该模型与 1927 年 7 月 23 日至 10 月 9 日由德意志制造同盟在斯图加特白院聚落举办的名为"住宅"的展览有关。反面的广告印花是由维利·鲍迈斯特（Willi Baumeister）设计。"住宅"是德意志制造同盟举办的第二个建筑展览。它首次呈现了现代主义建筑的一致性，并确立了国际公认的标准。参与到此项在斯图加特（Stuttgart）的一个小山丘上建造持久居住区项目中的艺术指导，除了米斯·凡·德·罗，还有勒·柯布西埃（Le Corbusier）、贝伦斯、格罗皮乌斯、维克多·博吉欧斯（Victor Bourgeois）、彼得·奥德（Jacobus Johannes Pieter Oud）、马特·施塔姆（Mart Stam）、约赛夫·弗兰克（Josef Frank）、汉斯·坡耳奇戈（Hans Poelzig）、理查德·迪略克（Richard Döcker）、卡尔·希尔伯塞穆尔（Ludwig Karl Hilberseimer）、彼得·拉丁（Adolf Peter Rading）、汉斯·夏隆（Hans Scharoun）、古斯塔夫·施奈克（Adolf Gustav Schneck）、布鲁诺·陶特（Bruno Taut）和马克斯·陶特（Max Taut）兄弟。■

尽管由众多来自不多国家的建筑师参加，但人们依然可以从建筑方式上看到共性多于差异性。这里所有的建筑都是样板，可以应用于系列化生产。它将成为一个新的居住结构，不仅仅是单一的住宅，而且可以改变整个城市的景象。住宅区旁边，人们还可以参观一个被划分出的试验区域，展示着单一的建筑结构细节和新型材料。在城市工业展览大厅还有技术设施、各种建筑材料、家具等展示。这次由德意志制造同盟主办的展览"住宅"使得现代主义建筑的先锋们确立了一面国际公认的、意义非凡的旗帜。■

模型照片"斯图加特白院聚落建筑样板"

路德维希·米斯·凡·德·罗工作室

1927 年

照片

34.8cm x 39.8cm（有框）

13.2cm x 18cm（无框）

№ **2956**

"自由摇摆"椅

路德维希·米斯·凡·德·罗，1886–1969

1927 年

钢管，冷弯曲，镀铬，绷红色蜡光棉布

长 65cm，宽 47cm，高 80cm

钢管直径 22cm，座高 43cm

托内特有限公司

© 中国国际设计博物馆藏

这把"自由摇摆"椅是米斯·凡·德·罗为 1927 年斯图加特的白院聚落项目设计的。据文献描述，在白院聚落项目的准备期间，他于 1926 年 11 月 26 日与海恩茨·拉席（Heinz Loew）、马特·斯塔姆等人在斯图加特聚会。在他们的谈话中，马特·斯塔姆表达了他关于无后腿椅子的想法并画了一张草图。米斯·凡·德·罗采纳了这一想法，他把斯塔姆设计的方形前腿改成了优雅的圆弧。马特·斯塔姆为白院聚落项目设计的"自由摇摆"椅采用了钢管热弯曲工艺，而米斯·凡·德·罗则依据钢本身的弹性采用了 25mm 钢管冷弯曲工艺。

这件在白院聚落项目中展示的设计是最早的"自由摇摆"椅。几乎再没有一件其他的家具能够如此完美地通过这样的线条体现连续性的空间，这种连续性就是现代建筑的特性。

这件米斯·凡·德·罗设计的最早的钢管家具是由柏林金属制造约瑟夫·穆勒公司于 1927 年至 1931 年间生产的，编为 MR 家具。座位和靠背的材料是藤条（编织）、皮或蜡光棉布。以制造曲木家具闻名的托内特公司约从 1928 年起开始转向生产钢管家具并购买了最重要的领导新时代风格的建筑师的设计版权，其中最具代表性的是马塞尔·布劳耶的设计。米斯·凡·德·罗的"自由摇摆"椅在托内特产品目录（1930 年 / 1931 年）中的型号为"MR 535 / 25 和 MR533 / 22"。

技术与艺术的统一 / 托内特家具
THE UNITY OF TECHNOLOGY AND ART: THONET FURNITURE

自 19 世纪工业革命起，人类在科学与技术领域飞速发展，一个个由机器创造的神话不断改变着我们的生活，而科技上每一次微小的进步都会成为设计制造发展的巨大推动力。

1840 年德国人米歇尔·托内特（Michael Thonet）的蒸汽曲木技术取得实验上的成功，新技术可以将硬木材或胶合板制成各种可能的形状，从而突破了家具加工手工艺的极限。曲木缔造的优美线条使托内特生产的家具拥有独特的外形。随着曲木技术形式的简化、部件的减少、用料的纤巧、结构的合理化等因素的影响，托内特家具愈发受到市场的欢迎。1851 年的伦敦世界博览会和 1855 年的巴黎世界博览会上，托内特均荣获大奖。1850 年至 1930 年间，仅 "14 号" 椅的生产量就超过了五千万把。

1900 年前后，托内特公司将许多 "奥地利分离派"（Secession）艺术家的作品纳入其生产计划，生产几何风格化的家具，例如约瑟夫·霍夫曼（Josef Hoffmann）和奥托·瓦格纳（Otto Wagner）的作品。1920 年代，托内特与包豪斯学校建立了联系，并成为率先制造上漆或镀铬的金属管座椅的制造商。居住在柏林的荷兰人马特·斯塔姆在与包豪斯的米斯·凡·德·罗、马塞尔·布劳耶合作设计斯图加特白院聚落项目时，开始了新式钢管椅的研发，他采用燃气管制作了世界上第一把钢管椅。1931 年，经过改进的 S43 型椅子开始在托内特公司进行大批量生产。而布劳耶则从自行车的车把上得到启发，设计了著名的瓦西里椅（Wassily Chair），并首次采用了电镀镍来装饰金属。而米斯也在这时为托内特公司设计了大量造型轻巧优美、结构单纯简洁、具有优良性能的钢管家具。托内特树立了 "为机器而进行设计" 的全新理念，这些带着简洁与实用风格的产品成为了现代主义风格的最佳诠释者。

二战后，托内特再次以其积累的传统为起点，带来了一系列值得关注的设计。那些曾经被排斥的先锋人物，布劳耶、米斯和斯塔姆的经典作品又成了托内特生产计划中的旗舰产品。托内特的成功也正是在于利用技术与生产方式的进步推动思想观念的发展，其众多知名的家具产品使企业本身也成为了现代家具研究所。

托内特公司家具海报

托内特有限公司

2002 年

纸质

84cm x 59cm

© 中国国际设计博物馆藏

克莱默用具有特制弧度的木料做成的椅子是这位极富才华的包豪斯学生的著名作品之一。托内特公司"克莱默椅"的产生，与克莱默参与建立的法兰克福职业技术学院（Berufspadago gischen Institut in Fankfurt）关系密切。它有两种型号投入生产，即 B403 型（不带扶手）和 B403F 型（带扶手），并且有自然色打蜡和漆成黑色两种。1928 年，"B403"出现在名为"椅子"的展览目录封面上。该同名展览由阿道夫·施奈克（Adolf Schneck）在斯图加特策展。克莱默设计的首要目的是最大程度简化的工业化生产以及最大的坚固性。"B403"售价 28 马克，为托内特公司所产椅子的中档价位。

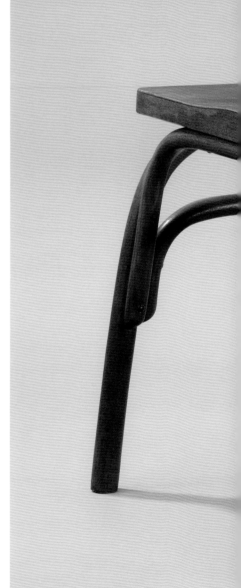

椅子，B403 型

费迪南德·克莱默，1898–1985

1927 年

热曲木与胶合板，自然色上蜡

长 63.5cm，宽 43.5cm，高 81.5cm

托内特有限公司

© 中国国际设计博物馆藏

"托内特——钢管家具"内容说明书和海报

路德维希·米斯·凡·德·罗，1886–1969

马塞尔·布劳耶，1902–1981

1936 年

纸质彩印

60.3cm x 41cm（无框）

78cm x 59.5cm（带框）

托内特有限公司

© 中国国际设计博物馆藏

米斯·凡·德·罗和马塞尔·布劳耶为托内特公司的钢管家具所制的重要的产品说明书同时兼有产品说明书和海报的功能。这里呈现的是被展开的、双面印制的海报。橘红色的标题位于两组家具的照片之间。上面是"B21/1"号书桌（米斯·凡·德·罗）以及三把"ST17"型椅子。下面是马塞尔·布劳耶的"B43"型椅子。旁边是一个表格，介绍家具名称、专利以及设计者。背面被平均分成六份，每份都呈现了两张家具的照片和该家具的设计图。一个橘红底色上显白字的文字条贯穿整张海报。这里写出了托内特钢管家具的优势：经典的现代简单造型，创造出全新空间。

DESIGN & POLITICS

1933 年，以希特勒为首的纳粹党夺取国家政权，在德国提出了"强大民族论"，极力推崇所谓的"德意志文化"，全面清除他们眼中所谓的"堕落"艺术（Entaetete kurst）。在设计领域，纳粹政府将包豪斯视为共产主义的温床，因此将其彻底关闭，并举办"反文化布尔什维克主义"艺术展，主张复兴新古典主义风格。但另一方面，纳粹政府为了提高国民经济水平，也积极推行标准化运动，在某些方面与包豪斯所提倡的理性主义设计有所契合。纳粹政府还专门成立了新的规范产品设计标准的部门，颁布了一系列标准化法规，很快就把全德国乃至德占区的工业生产全都纳入规范化与标准化的模式。虽然功能主义与带有民粹主义的大工业化生产并没有被彻底排斥——如大众汽车，但就德国现代主义设计而言，纳粹时期确实存在着一定程度上的断裂。■

1933 年包豪斯学校被迫关闭，大部分留在德国的包豪斯师生基本中断了包豪斯时期的探索与实验。尽管如此，像威廉·华根菲尔德这样的设计师仍在有限范围内继续围绕着现代主义的理念从事设计，而耶拿玻璃厂和欧瓷宝（Arzberg）等公司也继续与现代主义设计师合作。这些现代主义产品的生产，悄然之中继续改变着德国人的生活方式。■

政治形势迫使以包豪斯成员为代表的德国设计师向国外大迁徙，也因此将现代主义设计理念推向了全世界，逐渐形成了国际主义风格的设计。移民美国的包豪斯成员如约瑟夫·艾尔伯斯、赫伯特·拜耶、马塞尔·布劳耶、沃尔特·格罗皮乌斯、路德维希·米斯·凡·德·罗以及拉兹洛·莫霍利－纳吉等人，将包豪斯的理念也带到了大洋彼岸，对美国的设计教育产生了强烈的冲击。

博物馆藏品编号

№ **2577**

为"糖"的展览所制作的海报

威廉·德夫克，1887—1950

1925 年

纸质丝网印刷

90cm x 61cm

© 中国国际设计博物馆藏

1925年德夫克为一个名为"糖"(sugar)的糖制品工业展览所制作的海报，他本人任策展人。

从双立人到万字标 / 德国标识设计之父

FROM ZWILLING TO SWASTIKA: THE FATHER OF GERMAN LOGO DESIGN

威廉·德夫克（Wilhelm H. Deffke），曾与被誉为"德国工业设计之父"的彼得·贝伦斯齐名，设计的企业标识在德国家喻户晓，纳粹万字标识也是其设计作品之一。

二战的政治形势改变了许多德国设计师的命运，他们要么移民国外获得了国际声誉，要么积极配合纳粹政府的政治经济需求，而德夫克的命运是最独特的。

20 世纪初，在德意志制造同盟的推动下，各个工厂与公司都开始为自己设计合适的标识。德夫克早在 1907 年就与彼得·贝伦斯一起为德国通用电气公司从事设计工作，其作品的主要特点就是使用极简的形状和粗壮硬朗的线条组合出多个直角的抽象图形，从 AEG 到双立人刀具标识，再到 2577 号藏品中的蜜蜂，都体现了他独特的设计语言。德夫克和卡尔·恩斯特（Carl Ernst）于 1916 年共同开办了"威尔海姆"设计工作室（Wilhelmwerk），直到 1920 年停业。期间，这个工作室设计了大量的海报，都贯彻了德夫克的几何形标识风格，可以称得上是现代主义设计的先驱。

可是命运却无情地跟他开了个玩笑。他无意中继续这种风格时创作出了一个万字形标识，不久即被纳粹选为党标，这对德夫克的声誉造成了非常恶劣的影响。德夫克从没有打算将其当作一种政治符号，当然也没有想到这个设计为自己一生带来如此之大的改变。尤其是二战结束之后，深刻反思的德国民众当然要与旧时代划清界限，这位纳粹标识的设计者从此被德国人民刻意地遗忘。到如今，人们再面对他早期设计的标识时，已经很少有人知道这位设计师的名字。

威廉·德夫克和卡尔·恩斯特共同运作的设计工作室于 1916 年至 1920 年出品的海报

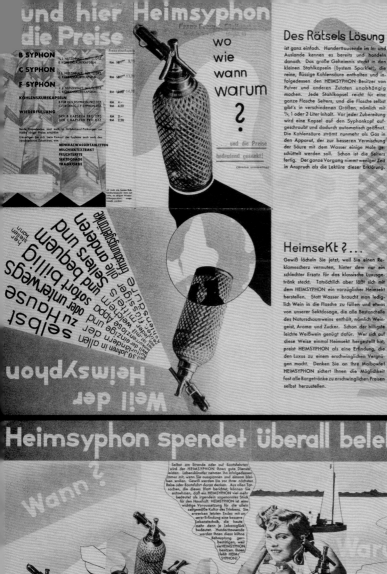

und hier die Preise

wo wie wann warum ?

... und die Preise bedeutend gesenkt!

B SYPHON

C SYPHON

F SYPHON

KOHLENSÄUREKAPSELN

WIEDERFÜLLUNG

MINERALWASSERTABLETTEN
MILCHSEKTEXTRAKT
FRUCHTSYRUP
SEKTDOSAGE
TRAGKÖRBE

Weil der Heimsyphon selbst in allen Ländern zu Hause oder unterwegs sofort billig bequem Selters und die anderen Erfrischungsgetränke kann...

Des Rätsels Lösung

ist ganz einfach. Hunderttausende in der In- und Auslande kennen es bereits und handeln danach. Das große Geheimnis steckt in den kleinen Stahlkapseln (System Sparklet), die reine, flüssige Kohlensäure enthalten und infolgedessen den HEIMSYPHON-Besitzer von Pulver und anderen Zutaten unabhängig machen. Jede Stahlkapsel reicht für eine ganze Flasche Selters, und die Flasche selbst gibt's in verschiedenen Größen, nämlich mit ½, 1 oder 2 Liter Inhalt. Vor jeder Zubereitung wird eine Kapsel auf den Syphonkopf aufgeschraubt und dadurch automatisch geöffnet. Die Kohlensäure strömt nunmehr als Gas in den Apparat, der zur besseren Vermischung der Säure mit dem Wasser einige Male geschüttelt werden soll. Schon ist die Selters fertig. Der ganze Vorgang nimmt weniger Zeit in Anspruch als die Lektüre dieser Erklärung.

Der KostenpunKt

interessiert Sie mit Recht am meisten. Nun, wer einen HEIMSYPHON besitzt, kann Ihnen bestätigen, daß er durch dieses vielseitige Apparat allein bei der Selterszubereitung genau ⅓ spart. Die Nachfüllung unserer Kohlensäurekapseln kostet nämlich nur 17 bzw. 21 Pfg. – die Stahlhülse selbst ist ja nur eine einmalige Anschaffung. Ein Liter Selters wird also durch HEIMSYPHON mit 21 Pfg. verbilligt. Bitte, erinnern Sie sich demgegenüber an den Preis, den Sie für eine Flasche Selters zahlen müssen, die kaum ½ Liter enthält! Und nach größer ist die Verbilligung bei der Herstellung von Spezial-Mineralwässern und sommerlichen Erfrischungs-Getränken aller Art (Limonade, Orangeade, Apfeltrunk usw.). HEIMSYPHON bringt demnach jede denkbare Abwechslung in Ihre häusliche Getränkekarte, senkt aber gleichzeitig die Kosten auf ein Minimum.

HeimseKt ?...

Gewiß lächeln Sie jetzt, weil Sie einen Reklamescherz vermuten, hinter dem nur ein schlechter Ersatz für das klassische Luxusgetränk steckt. Tatsächlich aber läßt sich mit dem HEIMSYPHON ein vorzüglicher Heimsekt herstellen. Statt Wasser braucht man lediglich Wein in die Flasche zu füllen und etwas von unserer Sektdosage, die alle Bestandteile des Naturschaumweins enthält, nämlich Weingeist, Aroma und Zucker. Schon der billigste leichte Weißwein genügt dafür. Wer sich auf diese Weise einmal Heimsekt hergestellt hat, preist HEIMSYPHON als eine Erfindung, die den Luxus zu einem erschwinglichen Vergnügen macht. Denken Sie an Ihre Maibowle! HEIMSYPHON sichert Ihnen die Möglichkeit fast alle Bargetränke zu erschwinglichen Preisen selbst herzustellen.

Sonstige Vorteile ?

Der HEIMSYPHON ist von Kopf bis Fuß aus bestem Material. Der Kopf selbst aus reinem Englisch-Zinn, mithin unverwüstlich, dabei in allen Bestandteilen auswechselbar; die Flasche aus widerstandsfähigem Kristallglas, das allen Materialprüfungen unterworfen wurde; das Schutzgeflecht aus 80 fachem Stahldraht mit einem kräftigen Zinnmantel; die Kohlensäurekapseln sind luftdicht abgeschlossen, daher unbegrenzt lagerfähig! Ein Kind kann den HEIMSYPHON mit Erfolg handhaben, da es die wenigen Handgriffe nach Minuten beherrscht. HEIMSYPHON-Getränke sind sofort gebrauchsfertig, zumal die Kohlensäure blitzschnell aufgesogen wird. Was das im heißen Hochsommer bedeutet, wissen Sie aus eigener Erfahrung.

Heimsyphon spendet überall belebende Frische

Wer rechnen kann .... kauft Heimsyphon

海姆斯芬公司的宣传册

奥托·里特维格，1904–1985

1933 年

凹版印刷

45.9cm x 62.3cm

海姆斯芬公司

© 中国国际设计博物馆藏

2

这个 1933 年的广告册子是一个逐渐消失的时代之证明，它是海姆斯芬公司按照奥托·里特维格的设计做成的原创小册子。他为海姆斯芬公司设计了一个简洁的、有留白的、照片和文字如地图一般不规则拼贴所构成的设计。那个可以制造气泡饮料、所谓的苏打水的虹吸瓶在册子内页出现了五次。从这个虹吸瓶可以看出，海姆斯芬公司的产品抓住了当时魏玛共和国民众的迷恋于享受的普遍精神状态。

1. 海姆斯芬公司生产的海姆虹吸瓶
2. 海姆斯芬公司生产的海姆虹吸瓶宣传页
3. 海姆斯芬公司生产的海姆虹吸瓶结构图

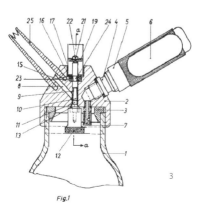

3

Fig.1

JAHRESSCH

FÜR DAS GASTWIRTS-HOTELIER-BÄCKER-U. KONDITOR
BERLIN 1935 5.-10.OKTOBER AUSSTELLUNGSHALLEN am

Täglich geöffnet von 9 bis 20 Uhr, Eintritt RM 1.-, Juger

博物馆藏品编号

№ **4255**

"旅馆 — 酒店 — 面包 — 甜点业的

年秀，柏林 1935" 海报

赫伯特·拜耶，1900–1985

1935 年

纸上彩印

59cm x 64.2cm（无框）

85.5cm x 80.5cm（有框）

ⓒ 中国国际设计博物馆藏

赫伯特·拜耶在那个年代作为独立广告平面设计师生活在柏林。这个海报作为宽边打印被竖着分为四块，分别使用了薄荷色、黄色、淡蓝、粉红的色粉颜料。色彩的安排也触及到 "年秀"（jahresschau）的标题字，除此之外，字体又由黑底衬出。四条色块针对四个行业，行业都以橱窗形象出现，配上不同的字体：酒店（无衬线体）、面包房（书写体）、旅馆业（哥特字）、甜点业（埃及体）。这个海报被柏林艺术图书馆（Kunstbibliothek Berlin）收藏。

另一种延续——欧瓷宝与耶拿

ANOTHER EXTENSION: ARZBERG AND JENA

纳粹时期的许多德国现代主义设计师和艺术家迫于政治原因而纷纷移民国外，现代设计运动的中心包豪斯学校也被迫解散，因此纳粹时期往往被看作是德国现代主义设计的断层。然而，现代主义设计却通过制造商的生产有着另一种延续。即使是在政治风云变幻的时期，德国一些著名品牌的产品在海外市场的销售也为政府带来了丰厚的税收，因此政府依旧允许如欧瓷宝瓷器公司和耶拿玻璃制造厂等企业一如既往地与现代主义设计师合作。可以说，在两战期间的特殊时期，是制造业使得现代主义设计在德国得以延续。

德国重要的瓷器公司欧瓷宝是拥有百年历史的优秀品牌。公司发展的重要原因在于 1931 年赫尔曼·格雷奇（Hermann Gretsch）的到来。接受了产品设计工作后，他冒着极大的风险采用了激进的设计语言设计出"1382 型"餐具，这套餐具从根本上不同于以往的风格，一反新艺术运动的造型形式，摒弃了图案装饰，造型朴素清晰，成功地将现代主义设计推向大众。在格雷奇去世后，欧瓷宝与威廉·华根菲尔德进行合作，继续着实用、朴实、理性的产品路线，并一直是广受大众欢迎的餐具公司。

除了瓷器，玻璃作为餐饮器具在欧洲也有着悠久的历史，并以相对低廉的价格在百姓的厨房餐厅中更为普及。德国的耶拿玻璃厂在欧洲一直享有盛名。奥托·肖特（Otto Schott）、恩斯特·阿贝（Ernst Abbe）、卡尔·蔡司（Carl Zeiss）和罗德里希·蔡司（Roderich Zeiss）于 1884 年共同在耶拿创立了"肖特及合作伙伴"玻璃技术实验室，除了研制与开发高级精密光学玻璃——如今天大家广为使用的蔡司镜头（Carl Zeiss Jena），日用器皿也是他们重要的产品。1920 年代，肖特的儿子埃里克·肖特（Erich Schott）在包豪斯学校的帮助下创建了与家居有关的玻璃生产线。1930 年代，包豪斯成员华根菲尔德为耶拿玻璃厂设计了大量厨房容器。除了外观上清澈轻巧、简洁明快，材质上也使用了生产试管与烧杯的特殊玻璃，可以耐高温、防腐蚀，因此耶拿廉价耐用的厨房用品很快便风靡德国，成为每个家庭的必备之选。直到今天，耶拿玻璃制造公司仍在不断推出新产品。

由赫尔曼·格雷奇设计的餐具朴素、毫无装饰，从其名称"1382 型"便可看出理性主义特征。这在当时被视为异类，但他成功地做到了现代主义风格与大众口味的完美结合。相比于玛利亚·布兰特冷酷的包豪斯风格，格雷奇的餐具拥有圆润的外形，成为当时的先锋设计。■

"1382 型"餐具套装由明晰的几何形式构成。赫尔曼·格雷奇设计的餐具套装，其要求和准则是来源于工厂联合会和包豪斯 — 手工和工业产品质量的提升，是明确的功能性设计的运用。容器的形式是通过均匀、紧绷的圆形而体现的。有力的容器握柄也可以在盖碗的盖子柄上再次看到。在调味汁壶上握柄直接从做成弧形的壁上抽出。壶的外廓是由圆形和椭圆构成的和谐整体。装饰的红色条和窄的红线强化了其明确的造型。在 1889 年到 1939 年期间，他的瓷器设计从青春风格过渡到功能主义。■

"1382 型"非常新颖，这是首套在工业化生产的瓷器套具中可以单件购买的产品，顾客可以非常个性化地组合和"收藏"这个套装。图中展示的餐具套装包括底部的标记 " 欧瓷宝瓷器工厂，阿兹贝格（Arzberg）巴伐利亚州（Bayern）1931–46"。■

在米兰的第六届三年展和巴黎的世界博览会中这套餐具获得奖章，它和特露德·皮得里（Trude Petri）在柏林国家瓷器厂（KPM）的乌尔比诺（urbino）设计几乎同时出现。柏林国家瓷器厂于 1932 年出产了一个由玛格丽特·弗里德伦德尔（Marguerite Friedlaender）设计的更几何化的茶壶和咖啡壶套装"Hallesche 型"。■

餐具套装"1382 型"

赫尔曼·格雷奇，1895–1950

1931 年

白瓷，红色外层釉

大咖啡壶高 20.5cm，小咖啡壶高 17cm

茶壶高 13cm，平盘直径 19.4cm

杯子高 4.8cm，垫碟直径 14.8cm

糖罐高 8cm，奶壶高 8.0cm，带盖汤碗高 15.0cm

酱汁壶长 20.5cm，长盘长 34.0cm

深盘直径 23.5cm，小垫碟直径 13.5cm

欧瓷宝瓷器有限公司

© 中国国际设计博物馆藏

威廉·华根菲尔德 1925 年离开包豪斯之后，设计了许多广受欢迎的产品，其中最成功的就是这套立方玻璃器皿，这些模数化的玻璃储藏容器是在 1935 年设计的，采用耐热工业玻璃支撑。立方玻璃器皿是针对最大化的可变收纳而设计的。该套餐具由 7 个独立可叠放的方盒子组成，盒子都带有可互换的盖子，可用于冰箱、食品储藏室或橱柜。在这个标准化系统中，容器既可以单独使用也可以成套使用。华根菲尔德的立方玻璃器皿系统非常适合工业化大生产，是包豪斯以标准化卓越设计应用于工业生产来实现大众可负担的低价产品的典范。这套产品的设计细节也耐人寻味，每个方盒都采用圆角，并且在边缘带有倾倒口，还设计了内凹的边缘便于手指捏握。

№ **1422**

立方餐具

威廉·华根菲尔德，1900–1990

1935 年

压制玻璃

集合总高 21.8cm

底盘：宽 26.8cm

盒子：18cm x 18cm x 4.3cm

盖子：18cm x 18cm x 0.8cm

二分之一盒子：9cm x 18cm x 8cm

二分之一盒子：9cm x 18cm x 4.3cm

盖子：9cm x 18cm x 0.8cm

四分之一盒子：9cm x 9cm x 4.3cm

罐子：9cm x 9cm x 15.5cm

罐子：9cm x 9cm x 8cm

盖子：9cm x 9cm x 0.8cm

劳济慈玻璃制品公司

© 中国国际设计博物馆藏

人民汽车 / 大众甲壳虫汽车
THE PEOPLE'S CAR:
THE VOLKSWAGEN BEETLE

1920 年代之初的德国汽车工业在很大程度上依然靠的是销售豪华型汽车，平均每 50 个人才能拥有一辆汽车。

甲壳虫的设计者斐迪南·保时捷（Ferdinand Porsche）于 1931 年在德国斯图加特成立了汽车制造中心。中心成立之初就启动了小型汽车的研制计划，由 12 位专家组成的研发小组开始尝试着制作汽车原型。1933 年，希特勒为了实现德国机械化的政治目标，提出要制造一种"人民的汽车"（Volkswagen），并要求这种汽车可与美国的福特汽车工业相抗衡。希特勒要求"人民的汽车"可以运送 2 名成人或 3 名儿童。纳粹因此在沃尔夫斯堡（Wolfsburg）开办汽车厂，生产由斐迪南·保时捷设计的"甲壳虫"汽车（Volkswagenwerk-Beetle）。这款汽车的甲虫形外壳不仅在外观上广受欢迎，功能上也完全符合空气动力学。

随着大众汽车项目的开展，纳粹在全德国范围内建设起了高速公路网（autobahn）。高速公路被看作是"现代化"的同义词。尽管当时高速公路大多为军方使用，尚未进入德国普通人的生活，但路网拓展仍然在更新生活方式方面起到了重要作用。

"每周省下五马克，家家开上大众车"，这一口号的效应成为纳粹获取民众支持的重要因素。然而事实与口号相去甚远，政府规定每周从工资中克扣的马克只有存够买车的数额才能支取，而这些钱却早已被用于军备，从来没有工人取到这些钱。战前累计生产的 210 辆"甲壳虫"车几乎全部被德军军官征用了。但"人民汽车"的理念还是完好地保存了下来，当初生产甲壳虫的汽车厂最后被命名为"大众公司"（Volkswagen），即"大众使用的汽车"。

1. 1938 年的甲壳虫汽车
2. 1938 年希特勒观看甲壳虫汽车的设计模型

2

博物馆藏品编号

№ **2775－2778**

摄影 "大众汽车厂"

彼得·吉特曼，1916-2005

1953 年（1960 年代初冲印）

黑白照片

18.3cm x 17.4 cm

大众汽车集团

© 中国国际设计博物馆藏

这里展示的四张工业摄影作品是彼得·吉特曼在未受委托的情况下，于 1953 年 4 月在沃尔夫斯堡的大众汽车厂自行拍摄的，堪称工业摄影中的经典作品。该组照片既是独特的历史性纪录，又是摄影艺术作品。∎

吉特曼把他的焦点放在甲壳虫产品和批量生产的半成品上，同时把自己从传统工厂摄影的对象中分离出来，他并没有拍摄那些机器和工厂工人，而是把照相机主要聚焦在零件和细节上，例如挡泥板、车顶、车门踏板，或者是像第一张照片所展示的前挡板。这里排列和重叠的理念起到了重要的作用。∎

这组照片的特别之处在于它把精准的摄影细节主义同抽象的造型效果联系在一起。吉特曼利用小幅画面以及所拍摄物体的反光、构图或特定的视点，赋予照片极高的抽象度："外形的质感从汽车制造零件的技术和功能的语境中被分离出来。" 通常表现对象必须花费一定的力气才能被辨认出来。∎

摄影师

吉特曼的摄影作品非常具有代表性，形象地表现了材料本身的质感、表面的结构、线条的流动、光的反射以及对造型不同的观察角度。照片的决定性因素是光线。∎

吉特曼以其具有艺术情怀的摄影，从 "专业的" 有着特定目的的（图片新闻的）职业摄影中分离出来，涵盖了单纯的资料汇编、机械策划以及社会报道等领域。他的作品使人们联想到 "新客观主义" 的作品，例如阿尔伯特·雷恩格－帕赤（Albert Renger-Patzsch）。∎

沃尔夫冈·莱兹维茨（Wolfgang Reisewitz）对新的摄影的先锋运动起到了重要作用：他于 1949 年成立了名为 "摄影形式"（fotoform）的团体，彼得·吉特曼也是其成员。"摄影形式" 于 1951 年并入了由奥托·斯坦尔特（Otto Steinert）组建的摄影艺术家团体 "主观的摄影"（subjektive fotografie）。

系统化与国际化 4/4

SYSTEMIZATION &

INTERNATIONALIZATION

经历了二战的德国，大量基础设施几乎被彻底摧毁，社会精英人才大量流失，更重要的是政治上的极权主义给这个国家带来了难以平复的伤痛。但极具自省精神的德国人对自己的历史问题进行了深刻反思，联邦德国在"有限度的自由市场经济"下开始了战后经济的飞速发展，在短短几十年中迅速成为欧洲最发达的国家之一。虽然经济全球化使各国的文化逐渐趋同，但 1960 年代的欧洲受到法兰克福与新左派的影响，知识精英们自觉地肩负起抵御美国文化侵蚀的重任，设计师们在这种文化背景下设计出完全不同于美国消费主义商品的"德国制造"。■

战后的著名德国设计师大多受教于 1920 年至 1930 年代的包豪斯，他们接过了理性主义的大旗，学习了美国先进的管理技术与工业组织方式，1950 年代在小城乌尔姆（Ulm）设立乌尔姆设计学院（Huschschule fur Cestaltung, Ulm），开始寻求本土设计的核心竞争力。乌尔姆设计学院继承了包豪斯将设计作为社会工程的理想，发展了包豪斯的理性设计、技术美学，在教学与实践中确立了系统设计方法。同时，学校开设了社会学的课程，启发学生们的批判精神，因此，乌尔姆设计学院也同时成为联邦德国乃至整个欧洲讨论民主文化与国际政治思想的中心。在托马斯·马尔多纳多（Tomas Maldonado）担任校长后，学校加大了科技在课程中的比例，更加重视设计过程的科学性理论和方法。■

为了应对市场的国际化，学校还主动与企业合作，有意识地通过设计使企业本身及其产品获得国际化的影响。著名的博朗公司聘用了乌尔姆设计学院的教师奥托·艾舍（Otl Aicher）、汉斯·古格洛特（Hans Gugelot）和迪特·拉姆斯（Dieter Ramms），在他们的影响下，公司确立了一种清晰理性的设计美学，拉姆斯提出了"最好的设计是最少的设计"。设计的系统化符合规模不断扩大的制造商——尤其是跨国企业——的要求。■

1960 年代起设计师的工作逐渐专业化，设计协会和设计组织的规模逐渐壮大，设计类别也日益详细划分。1980 年代后，设计逐渐摆脱了附属于艺术或建筑的地位，成为了独立学科。设计的独立与系统化符合德国经济在国际市场上的发展需求，反响良好的国际市场也反过来推动了德国设计制造的国际化。

乌尔姆设计学院与系统设计

HFG [HOCHSCHULE FÜR GESTALTUNG, ULM] & SYSTEMATIC DESIGN

1953 年，乌尔姆设计学院成立于联邦德国的乌尔姆市，由英格·艾舍 – 肖尔（Inge Aicher–Scholl）与奥托·艾舍创办，包豪斯学生马克斯·比尔担任首任校长，他将包豪斯精神全面贯彻在乌尔姆的教学之中。1957 年，托马斯·马尔多纳多继任校长一职后，开创了面向科学与现代性技术理论的新阶段。乌尔姆与博朗的成功合作造就了德国设计在世界上独树一帜的优良形象。1968 年，由于经费等原因，学校最终解散，但其在设计史中有着重要地位，与包豪斯一样，乌尔姆设计学院也是现代设计发展之路上的重要里程碑。

1. 乌尔姆设计学院
2. 乌尔姆设计学院校徽

G Ulm

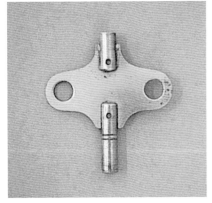

No **2455**

带有发条机械装置和短时计时功能的厨房钟

马克斯·比尔，1908–1994

1951 年

金属，上釉，黄色油漆，塑料，玻璃，金属钥匙

长 27.0cm，宽 19.5cm，高 6.5cm

荣瀚宝星钟表公司

© 中国国际设计博物馆藏

这件由荣瀚宝星钟表公司生产的造型简约的厨房钟是瑞士建筑师和产品设计师马克斯·比尔最著名的设计之一。

"乌尔姆凳"

马克斯·比尔，1908-1994

汉斯·古格洛特，1920-1965

保罗·希尔丁格，生卒年不详

1954 年 /1955 年

长 39cm，宽 30cm，高 44cm

松木，未加处理的

© 中国国际设计博物馆藏

马克斯·比尔于 1993 年设计的海报

"乌尔姆凳"是 1954 年（一说 1955 年）由马克斯·比尔以及汉斯·古格洛特和工坊教师保罗·希尔丁格设计，并在乌尔姆设计学院的家具工坊被制作出来的。这把凳子的构造采用了人们可以想象到的最简单的形态：两块垂直的板和一块水平的板咬合在一起，再用一根圆形的木棍在凳子下方将其连接起来。乌尔姆凳看似简单，却在尺寸和材质上精心设计，可以变化成座位、讲台、架子、托盘，它也成为学校的教室、餐厅、宿舍空间的第一设施，这种功能至上的理性主义也和马克斯·比尔设计的乌尔姆校舍的整体风格一脉相传，从而成为学校的象征。

博朗公司与乌尔姆设计学院
BRAUN AND THE HOCHSCHULE FÜR GESTALTUNG ULM

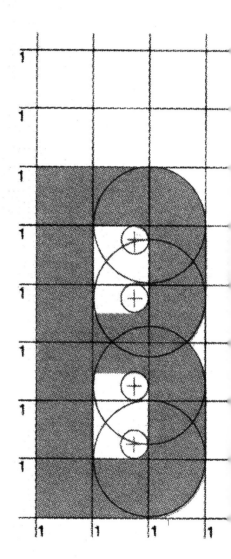

博朗公司标识的设计图

A design drawing for the Braun company logo

博朗是国际知名的小电器品牌，它良好的功能性与可靠的稳定性代表了"德国制造"的优良品质。这些优秀品质都要归功 20 世纪 50 年代博朗公司与乌尔姆设计学院的合作以及公司设计总监迪特·拉姆斯开创的全新设计模式。虽然博朗已走过几十年的发展历程，但"功能、质量和审美"的核心价值理念却从未发生改变。

博朗公司成立于 20 世纪 20 年代，创始人马克斯·博朗（Max Braun）是欧洲最早将收音机和录音机合并在一个单元的制造商之一。20 世纪 50 年代，公司聘用了包豪斯学生华根菲尔德，开始将设计与技术相融合，打造创新型产品。1955 年，公司与乌尔姆设计学院开始进行合作。乌尔姆设计学院由英格·艾舍－肖尔和奥托·艾舍创办于 1953 年，是战后西方最为重要的设计院校之一，它一方面继承了包豪斯的衣钵，另一方面更为注重科技因素，追求彻底的理性主义与功能主义。这种办学理念迅速在博朗的新产品之中得到体现，系统设计开始崭露头角。在短短八个月内，汉斯·古格洛特和奥托·艾舍成功开发了博朗的整个产品线——从便携式收音机到音乐柜，创造出博朗产品的全新面貌。

同时，迪特·拉姆斯很快就成为了博朗公司设计部门的核心人物。他提出的"少，却更好"（Less, but better）的口号，继承并发展了包豪斯第三任校长米斯·凡·德·罗的极简主义，这种信念也深深地融进博朗的血脉之中。早在 20 世纪 50 年代后期，博朗的产品就被诸如纽约现代艺术博物馆等一些著名博物馆永久收藏。现如今，迪特·拉姆斯提出的"设计十诫"已成为设计界的圣经，包括苹果在内的众多公司都遵循他的原则去从事产品设计。

0.1.1. Konstruktion

Balkenstärke und lichte Weite der Buch-
staben sowie die Buchstabenabstände
haben ein Verhältnis von 1:1. Die Kon-
struktion kann somit auf einem Quadrat-
netz angelegt werden. Eine Ausnahme
ist die lichte Weite des Buchstabens A;
sie steht in einem Verhältnis von 1 : 1,3.

白雪公主的棺材——SK4 唱机

SNOW WHITE'S COFFIN:
SK4 RECORD PLAYER

迪特·拉姆斯和汉斯·古格洛特是德国系统设计的奠基人，古格洛特同时也是乌尔姆的教员。他们为博朗公司做的录音机设计是早期模数体系的系统设计代表。

这款 SK4 唱机因为其冷峻的外形和透明的外壳被后现代设计师戏称为"白雪公主的棺材"。SK4 的部件并不是简单地由供应商所提供的，而是按照设计师的要求被开发出来的。这个唱机是数位著名设计师的智慧结晶，机器从哪里进行操控，机身刻着什么样的字体，这些决定出自弗里茨·艾歇勒和迪特·拉姆斯，电唱机设计中的柔软的造型部分诞生于威廉·华根菲尔德的工作室，U 型金属机壳的想法来自于汉斯·古格洛特和他的年轻同事赫伯特·林丁格。在材料方面，白色机身单元和两侧的板材之间的对比突出了构成主义的设计原则。最具有现代感的是红色榆木机身，在当时体现出斯堪的纳维亚风格，这种暖色调的材料赋予了 SK4 一种明确的张力，由此带给它几乎是永久的魅力。

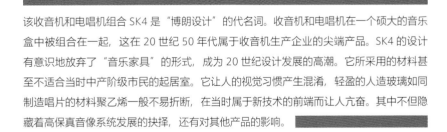

收音机和电唱机组合 "SK4"

汉斯·古格洛特，1920–1965

迪特·拉姆斯，1932–

赫伯特·林丁格，1933–

1956 年

金属，人造玻璃，榆木

长 58.5cm，宽 29cm，高 24cm

博朗有限公司

© 中国国际设计博物馆藏

该收音机和电唱机组合 SK4 是 "博朗设计" 的代名词。收音机和电唱机在一个硕大的音乐盒中被组合在一起，这在 20 世纪 50 年代属于收音机生产企业的尖端产品。SK4 的设计有意识地放弃了 "音乐家具" 的形式，成为 20 世纪设计发展的高潮。它所采用的材料甚至不适合当时中产阶级市民的起居室。它让人的视觉习惯产生混淆，轻盈的人造玻璃如同制造唱片的材料聚乙烯一般不易折断，在当时属于新技术的前端而让人亢奋。其中不但隐藏着高保真音像系统发展的抉择，还有对其他产品的影响。

该厨房设备的雕塑般的造型理念和无时间性的形式语言让"芳香大师"成为博朗的经典。该机器遵循着传统咖啡机的制作工艺,由耶拿玻璃制品厂生产。其产品系列的开端是1924年格哈德·马克斯那让人联想起威廉·华根菲尔德实验室器皿的传奇设计。塞非尔特通过"芳香大师"创造了一种型号,这种型号后又来继续开发,到1980年变成一种更为紧凑的造型。卡尔克在1977年将注水口放置在边缘。该咖啡机有白色、黄色、橙色、红色、暗红色和橄榄绿色。它已经停产。

咖啡机 "芳香大师 KF 20 型 4050 号"

佛罗里安·塞非尔特，1943–

1972 年

人造材料，玻璃，金属

高 39cm，直径 15.5cm（机器）

高 10.8cm，直径 15.3cm（玻璃壶）

博朗有限公司

耶拿肖特玻璃股份有限公司

© 中国国际设计博物馆藏

包豪斯的延续

THE CONTINUATION
OF THE BAUHAUS

1933 年纳粹关闭包豪斯后，学校多位重要成员移民美国，他们进入了不同的教育机构，建立了全新的教育体系。1937 年，沃尔特·格罗皮乌斯来到了哈佛大学（Harvord University），将包豪斯的设计哲学融入他们的课程之中；米斯·凡·德·罗在 20 世纪 30 年代中期到达美国后受聘于芝加哥的阿摩尔理工学院（Armour Institute of Technology），也就是后来的伊利诺伊州理工学院（Illinois Institute of Technology），多年以来在教学中强调结构与功能；约瑟夫·艾尔伯斯带着妻子安妮·艾尔伯斯（Anni Albers）先是成为黑山学院（Black Mountain College）的老师，后成为耶鲁大学（Yale University）的设计系主任；莫霍利－纳吉则于 1937 年在芝加哥成立了"新包豪斯"学校（New Bauhaus），即芝加哥设计学院（IIT Institute of Design, Chicago），基本遵循了包豪斯在德国的理念。渐渐地，包豪斯融入了美国原有的设计教育，并且成为了其中有力的推动改革的力量。

此海报是 1968 年在伦敦举办的包豪斯展览海报。同年，欧洲多个国家都爆发了工人学生运动。海报中有三个相互连接的几何造型：蓝色圆形、红色正方形和黄色三角形，成对角线状排列在蓝色背景上。早在 1923 年，赫伯特·拜耶为包豪斯展览设计的明信片上就采用了圆形、方形和三角形，体现出包豪斯这所 20 世纪最重要的建筑、设计和艺术学校的基本造型原则。

"包豪斯五十周年"展览海报

赫伯特·拜耶，1900–1985

1968 年

纸上丝网印刷

82.5cm x 59cm

© 中国国际设计博物馆藏

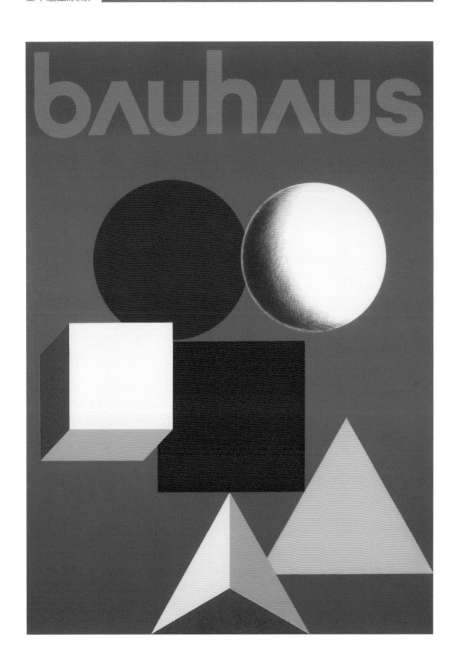

"蒙塔鲁"主题的装饰面料

维利·鲍迈斯特，1889–1955

约 1955 年

100％黏胶纤维，七色丝网印

142cm x 120.5cm

© 中国国际设计博物馆藏

维利·鲍迈斯特绘画时的场景

1953 年，鲍迈斯特在其若漂浮般的灵魂中孕育了绘画作品"蒙塔鲁"。在编号为 2238 号的素描中还能看到张大眼睛的灵魂巨大的身体，给人以一种鲜活的生命感受。在本幅作品中，（灵魂的）躯体覆盖着几乎整个画面，其边缘生长出色彩的线条，让人联想到运动的纤维、天线或是脚，接下去的一步，就是脱离生命体或动物体而进入色彩和造型的抽象境域。"蒙塔鲁一词是生造出来的，"鲍迈斯特在 1955 年 6 月的一次采访中解释道，"蒙塔鲁是一个象声词。"

在装饰面料行业领域，莫森根帕撒机械纺织公司（Mechanische Weberei Pausa AG）不断地寻找着与著名艺术家联系的途径。早在 1952 年，帕撒公司就组织过一次竞赛，通过征集面料图样来奖励和支持德国艺术家和学生，并促进印刷面料图样的艺术质量，以此提升工业企业的出口竞争力。鲍迈斯特在当时已是德国抽象绘画的重要代表，他为帕撒公司设计了 6 幅系列面料图样，这些图样由他的创作构图的基本元素组成。这些面料通过艺术家的手笔成为了"流水线图画"，这恰恰体现了"艺术家集萃"的魅力。

德国瓷器与艺术化生活
GERMAN CERAMICS AND ARTISTIC LIFE

现代生活从一开始就被设计所引领，在西方餐饮器具的形态变迁之中，我们看到了一整套生活方式的改变，通过对平凡之物的精心设计，设计师们悄然地影响着大众的生活品位与审美趣味。

18 世纪，萨克森公国奥古斯特大帝下令进行本土瓷器的研制，最终由化学家贝特格试验成功，在德国迈森（Meissen）设立了欧洲第一家生产瓷器的窑厂，瓷器典雅优美的气质影响了欧洲社会各阶层的审美习惯。1879 年，飞利浦·卢臣泰（Philipp Rosenthal）爵士于德国巴伐利亚州创建卢臣泰瓷器公司（Rosenthal），短短几十年，公司迅速成长并成为欧洲最为重要的瓷器厂商之一。20 世纪初，公司生产了大批新艺术风格的器具，并与德国通用电气公司在瓷器领域展开了合作。

1910 年卢臣泰公司成立艺术部，开始了以设计为本的发展道路。二战之前，公司主要生产带有实用主义的产品。二战之后，卢臣泰公司与众多知名的艺术家进行合作，其中包括了沃尔特·格罗皮乌斯、雷蒙德·罗维（Raymond Loewy）以及卡尔·拉格菲尔德（Karl Lagerfeld）等。其中的"TAC"茶具线条优美、简洁大方，成为现代设计的典范之作，而罗维设计的"2000 型"咖啡具采用的是他最为擅长的流线型造型，并同样取得了商业上的成功。不同的设计师将自己独特的艺术风格融入日常使用的生活器具之中，形成了卢臣泰多样化的风格特点。

现如今，卢臣泰公司一方面继续生产历史上的经典产品，另一方面也在和新的设计师不断地进行合作。公司坚持创新与传统的完美结合，使得设计的魅力多角度扩散，传达出具有高端品位的生活方式与审美情调，这也是德国设计在世界范围内能取得认同的重要原因。

这套名为"格罗皮乌斯 TAC"的白色茶具体现出一种干净优雅的形式语言，由茶壶、六组茶杯碟、奶壶、糖罐组成。其体型扁平，向外逐渐呈圆锥形。凸起的半圆形容器体带有车轮形盖子。弓形手柄和钩形的盖柄尤为典型。格罗皮乌斯从 1963 年起为卢臣泰公司（Rosenthal）工作。他为 1961 年发展起来的"卢臣泰工作室系列"做的设计，包括了茶具套装"TAC I"，以及咖啡具套装"TAC II"，这对后来陶瓷和玻璃的套装提供了重要的设计理念。作为当代设计的范例，茶具套装"TAC I"成为巴黎蓬皮杜中心长年展出的展品。格罗皮乌斯还为卢臣泰公司设计了在塞尔伯（Selb）的瓷器工厂和托马斯（Thomas）玻璃工厂。

"格罗皮乌斯 TAC"茶具

沃尔特·格罗皮乌斯，1883–1969

白瓷

1969 年

垫碟：高 2.3cm，直径 19.5cm

茶杯：高 4.9cm，直径 10cm

茶托：高 1.8cm，直径 15.8cm

茶壶：高 13cm，宽 17.5cm，直径 24cm

奶壶：高 6.8cm，宽 14cm，直径 10cm

糖罐：高 8cm，直径 10cm

卢臣泰有限公司

© 中国国际设计博物馆藏

设计的国际化

THE INTERNATIONALIZATION

OF DESIGN

随着二战的爆发，很多欧洲的现代主义设计大师来到了美国，他们将欧洲的现代主义和美国富裕的社会状况结合起来，形成了一种新的设计风格。这种现代主义风格战后很快在国际上流行起来，因此被称为"国际主义风格"。国际主义风格在 20 世纪六七十年代发展成熟，直到 20 世纪 80 年代才消退，它涉及了设计的很多方面，包括平面设计、产品设计、室内与建筑设计等。

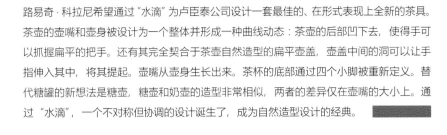

路易奇·科拉尼希望通过"水滴"为卢臣泰公司设计一套最佳的、在形式表现上全新的茶具。茶壶的壶嘴和壶身被设计为一个整体并形成一种曲线动态：茶壶的后部凹下去，使得手可以抓握扁平的把手。还有其完全契合于茶壶自然造型的扁平壶盖，壶盖中间的洞可以让手指伸入其中，将其提起。壶嘴从壶身生长出来。茶杯的底部通过四个小脚被重新定义。替代糖罐的新想法是糖壶，糖壶和奶壶的造型非常相似，两者的差异仅在壶嘴的大小上。通过"水滴"，一个不对称但协调的设计诞生了，成为自然造型设计的经典。

路易奇·科拉尼（Luigi Colani）与其设计的"水滴"型茶具

博物馆藏品编号

№ **3734**

茶具"水滴"，型号 1282

路易奇·科拉尼，1928–

1971 年

白瓷

茶壶：高 10.7cm，宽 24.9cm

糖罐：高 6.2cm，宽 13.2cm

奶壶：高 5cm，宽 9.9 cm

茶杯：高 4.5cm，直径 10.1cm

垫碟：高 2.7cm，直径 16cm

卢臣泰有限公司

© 中国国际设计博物馆藏

该套咖啡具带有树叶（落叶）装饰，由 1 把咖啡壶、6 套杯具、1 个奶壶、1 个糖罐、6 只甜点碟、盐和胡椒粉瓶组成。它的特色是通过其引人注目、典雅、建立在圆锥体基础之上的造型体现出来的。咖啡壶形态修长，壶把上部连接处形成收腰。尖折状的盖把手设计得非常精巧。粉色调的柔软的树叶装饰强调出 1950 年代造型设计典型的轻盈感，这套咖啡具首次在 1954 年的汉诺威博览会（Hannover Messe）上被推荐出来，获得成功，直到 1978 年为止这套咖啡具共包括 165 种装饰变化。这套白色版本的咖啡壶获得了维琴查 1961 年国际大奖。

咖啡具，"2000 型"

造型：雷蒙德·罗维，1893–1986

理查德·拉塔姆，1920–

装饰：玛格丽特·希尔德布朗德，生卒年不详

1954 年

白瓷

咖啡壶：高 24cm，宽 21cm，直径 11.5cm

杯托：高 1.8cm，直径 15cm

垫碟：高 2.2cm，直径 19.2cm

茶杯：高 10.5cm，宽 6.8cm，直径 8cm

小杯托：高 1.8cm，直径 14.4 cm

奶壶：高 8.9cm，宽 8.5cm，直径 6cm

盐和胡椒粉瓶：直径 3.7cm

甜点碟：宽 5.4cm

卢臣泰有限公司

© 中国国际设计博物馆藏

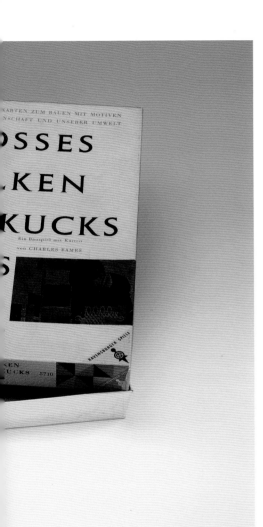

卡片拼接游戏 "大型云朵咕咕屋"

查尔斯·易姆斯，1907–1978

瑞·易姆斯，1912–1988

1958 年

纸版彩印

长 29.4cm，宽 20.2cm，高 3.3cm（盒子）

27.5cm x 17.5cm（卡片）

拉文斯堡游戏公司

© 中国国际设计博物馆藏

此藏品为拉文斯堡游戏公司出品的 5710 号游戏，18 片大插片印刷内容皆不相同，一面是数学和自然科学领域的图形（数字、几何图形、星座图、螺旋线等等），另一面是单色。卡片可以彼此插入构成不同的大型方阵。和普通拼接游戏不同，其主题更为抽象，它传达的同样也是结构、色彩和形式。该设计的观点是用有限数量的卡片构成新的布局，这在查尔斯·易姆斯和瑞·易姆斯的作品中始终如一。

1. 米登多夫关于汉莎区国际建筑展整体模型的摄影。

2. 彼得·库里斯关于汉莎区建造的规划的摄影。

3. 阿图尔·科斯特关于汉莎区建设规划的摄影。

4. 彼得·库里斯关于在汉莎区举行的国际建筑展模型的部分景观的摄影。

5. 维玛尔关于杜塞尔多夫的伯恩·哈特二层楼建筑的摄影，南北向景观。

6. 维玛尔关于东南朝向的工作模型的摄影。

柏林国际建筑展的 6 张汉莎区模型景观照片

摄影：米登多夫、维玛尔、彼得·库里斯、阿图尔·科斯特（全部来自柏林）

1957 年

复古打印

24cm x 18cm（最大）

© 中国国际设计博物馆藏

从 1956 年起，来自 13 个国家的 53 位建筑师对在二战中被摧毁的汉莎区进行战后现代主义风格的重新设计。整体规划的主导人为奥托·巴宁（Otto Banning），城市建筑竞赛的获奖者为盖哈特·乔布斯特（Gerhard Jobst）和威力·克劳厄（Willy Kreuer），他们的规划的修改版本成为后来执行方案的基础。在规划和经费的限制下，48 座拔地而起的建筑构成了一个巨大的居住区。参与建筑设计的建筑师有：阿尔瓦·阿尔托（Alvar Aalto）、雅克布·巴克马（Jacob Bakema）、保罗·鲍姆加滕（Paul Baumgarten）、卢恰诺·巴尔德萨利（Luciano Baldessari）、勒·柯布西埃、沃纳·达特曼（Werner Düttmann）、威尔斯·艾伯特（Wils Ebert）、埃贡·艾曼（Egon Eiermann）、沃尔特·格罗皮乌斯、阿恩·雅克布森（Arne Jacobsen）、弗里茨·耶尼克（Fritz Jaenicke）、斯滕·塞缪尔森（Sten Samuelson）、古斯塔夫·哈森普夫卢格（Gustav Hassenpflug）、冈特·霍纳（Günter Hönow）、路德维希·莱默（Ludwig Lemmer）、瓦西里·勒克哈特（Wassili Luckhardt）、奥斯卡·尼迈尔（Oscar Niemeyer）、戈德伯·尼森（Godber Nissen）、萨帕·拉夫（Sep Ruf）、奥托·森（Otto Senn）、汉斯·莎伦（Hans Scharoun）、弗兰兹·舒斯特（Franz Schuster）、马克斯·陶特（Max Taut）、皮埃尔·瓦格（Pierre Vago）、乔·凡·登·布鲁克（Jo van den Broek）。这一项目充分体现出了设计的国际化对于 1960 年代西德的战后重建起到了重要的作用。

1. 1962 年德国柏林市汉莎区的俯瞰照片
2. 卢恰诺·巴尔德萨利设计的位于汉莎区的高层公寓楼（左），乔·凡·登·布鲁克和雅克布·巴克马设计的高层公寓（右）
3. 沃尔特·格罗皮乌斯设计的位于汉莎区的房屋
4. 奥斯卡·尼迈尔设计的位于汉莎区的房屋
5. 1957 年柏林国际建筑展，多位国际建筑师参与设计德国实验性建筑，此图为带有所有这些建筑标记及设计者姓名的区域图

装饰布 "Tom"

艾尔斯贝特·库朴弗罗斯，1920-

1975 年

织物，彩印

166cm x 113.5 cm

此织物缝制而成的是一块窗帘。这块用手工印染而成的装饰布的几何纹样是由白、灰、黄、红、蓝、绿的圆形、半圆形和正方形组成，让人联想到光效应艺术。其目的是通过各种不同的纹样和色彩，利用观众的视觉变化来造成一种幻觉效果。

参考文献

Jeremy Aynsley, *Designing Modern Germany*, Reaktion Books, 2009

John Heskett, *Design in Germany 1870–1919*, Trefoil Publications Ltd, 1986

Hans M. Winger, *The Bauhaus: Weimar Dessau Berlin Chicago*, Cambridge, 1976

Jffrey Herf, *Reactionary Modernism: Technology,*

Culture and Politics in Weimar and the Third Reich, Cambridge, 1984

Stephanie Barron, ed., *Exiles and Emigrés: The flight of European Artists from Hitler*,

Los Angeles County Museum, 1997

Godfrey Carr and Georgina Paul, *German Cultural Studies: An Introduction*, Oxford, ,1995

Mitchell Schwarzer, *German Architectural Theory and the Search for Modern Identity*,

Cambridge, 1995

Jeremy Aynsley, *Graphic Design in Germany, 1890–1945*, London, 2000

Joan Campbell, *"The Founding of the Werkbund" in The German Werkbund :*

The Politics of Reform in the Applied Arts, Princeton,NJ,1978

Christiane Lange, *Ludwig Mies van der Rohe and Lilly Reich: Furniture and Interiors*,

Lange House Krefeld, 2006

Paul Betts, *The Authority of Everyday Objects: A Cultural History of West*

German Industrial Dsign, Berkeley, 2004

Rob Burns, ed. *German Cultural Studies: An Introduction*, Oxford, 1995

Michael Erlhoff, *Designed in Germany since 1949, exh. Cat., Rat fur Formgebung*,

Frankfurt am Main, 1990

————

[德] 汉斯·彼特·霍赫著，《产品形态历史：德国设计 150 年》，斯图加特对外关系学会,1985 年

[德] 郭道/波尔斯特著，李菲译，《德国设计图典》，机械工业出版社，2009 年

[英] 乔纳森·M·伍德姆著，周博/沈莹译，《20 世纪的设计》，上海人民出版社，2012 年

[英] 弗兰克·惠特福德等著，艺术与设计杂志社编译，《包豪斯：大师和学生们》，四川美术出版社，2009 年

[德] 鲍里斯·弗里德瓦尔德著，宋昆译，《包豪斯》，天津大学出版社，2011 年

[德] 让尼娜·菲德勒/彼得·费尔阿本德著，查明建/梁雪译，《包豪斯》，浙江人民美术出版社，2013 年

杭间/靳埭强著，《包豪斯道路：历史、遗泽、世界和中国》，山东美术出版社，2010 年

20世纪德国制造商（部分）

德国通用电气有限公司
AEG GmbH

俗称"德国通用"，成立于 19 世纪末，在工程师厄米尔·哈特瑙（Emil Rathenau）的带领下成为德国最早的电气制造企业。曾拥有爱迪生发明的白炽灯在德国的专利权，与竞争对手西门子（Siemens）公司一起成为德国工业化进程的重要驱动力。德意志制造同盟成立后，彼得·贝伦斯担任公司艺术顾问，从企业标识到产品的每一处细节都形成了统一而典型的实用风格。贝伦斯是第一个将整个工业领域从历史主义的影响中解放出来的人，他不仅赋予他的产品朴素的外观，还注重实现最简单和最合理的设计，同时也为 AEG 公司设计厂房。1922 年，AEG 在贝吕克（Lübeck）建立工厂（用于生产电器产品）。AEG 在 1920 年代已经拥有了包括吹风机、电熨斗和电冰箱等产品在内的品种齐全的电器家用产品目录。1950 年代，AEG 凭借技术上的革新，如拥有传奇色彩的第一台全自动洗衣机，为经济奇迹的到来作出了贡献。在美学上，那时的人们徘徊于对美国式流线型风格的好感与在以后得到普遍推广的乌尔姆设计学院为代表的朴实风格之间。但 1980 年代，AEG 陷入危机，这个世界上最大的电气产品生产商最后还是被伊莱克斯收购。

1883 年：德国爱迪生公司在柏林成立
1887 年：改名为德国通用电气公司（AEG）
1907 年：彼得·贝伦斯成为艺术顾问
1908 年：发明桌上电扇
1909 年：贝伦斯设计 AEG 涡轮机工厂
1910 年：贝伦斯设计电动茶壶和烧水壶
1912 年：第一台全自动制冰制冷电冰箱问世
1924 年：新型吸尘器（Vampyr）问世
1958 年：新型全自动洗衣机（Lavamat）问世
1984 年：被戴姆勒 – 奔驰（Daimler–Benz）公司收购
1994 年：被瑞典伊莱克斯公司收购
相关作品为 0811 号、2872 号、BAA 0005 号、2047 号。

欧瓷宝瓷器有限公司
Arzberg–Porzellan GmbH

公司因设计生产白色的瓷器餐具"1382"而出名，此产品一经问世，生产就从未停止过。由赫尔曼·格雷奇设计的餐具朴素、毫无装饰，从其名称"1382"便可看出理性主义特征，这在当时被视为异类，但他成功地做到了现代主义风格与大众口味的完美结合。相比于玛丽安娜·布兰特冷酷的包豪斯风格，格雷奇的餐具拥有着圆润的外形，成为当时的先锋设计。在格雷奇去世后，威廉·华根菲尔德的好友艺术家海因里希·洛费哈德（Heinrich Loffehardt）于 1950 年代和 1960 年代接替他在欧瓷宝的位置，他设计的同时拥有细长与浑圆造型的"2025"咖啡壶系列被看作是与那个时代有机风格的对立。1980 年代，设计师理查德·萨帕（Richard Sapper）设计了灯具（Tizio），为普通市民带来了更多的现代生活方式。

1887 年：在阿尔茨伯格（Arzberg）成立
1927 年：被卡拉瓷器（Kahla）收购
1931 年：赫尔曼·格雷奇成为公司艺术顾问，设计"1382"餐具
1936 年：在第六届米兰三年展上获得金牌
1937 年：产品在巴黎世博会上展出
1938 年：赫尔曼·格雷奇设计"1840"和"1495"茶壶、咖啡壶系列
1952 年：海因里希·洛费哈德成为公司艺术总监
1954 年：海因里希·洛费哈德设计"2000"餐具
1980 年：维纳·布恩克设计餐具（Corso）
相关作品为 4418 号。

百乐顺食品有限公司
Bahlsen GmbH

百乐顺是一个欧洲家族企业，总部设在德国的汉诺威，作为一个知名的甜食生产商已有一百余年的历史。自从 1891 年研发第一个单品"keks"开始，百乐顺始终不断地研发新品以适应市场的需求。百乐顺在世界各地都拥有忠实消费群。公司拥有巧克力与饼干的完美组合配方，产品兼具雅致、尊贵的包装和美妙绝伦的口味。

相关作品为 0595 号。

博世有限公司
Bosch GmbH

博世公司作为全世界最大的电器制造商之一，不但生产汽车附件，也生产包括咖啡壶、吸尘器和洗衣机在内的所有家用电器产品。同时，这个品牌与 AEG 一样，强调朴实无华的设计，其产品有着严谨的线条。在产品的安全性上，博世公司也极其重视，开关总是被设计成双重保险，把手也被设计成易于持握的形状。1964 年起，博世公司与西门子在家电领域建立联盟。

相关作品为 3873 号。

博朗有限公司
Braun GmbH

电器生产商，作为"德国制造"的典范企业，博朗公司设计了众多经典产品，从剃须刀到咖啡壶，这些质量出众、实用性强的产品都是"好设计"的代名词。公司成立于 1921 年，战前主要生产收音机及附件，与华根菲尔德建立了合作关系，为之后的发展奠定了基础。公司的转折点在于 1950 年代与乌尔姆设计学院的合作，这一合作在世界范围内形成了"德国设计就是博朗与乌尔姆的共存"这一印象。1956 年古格洛特和拉姆斯设计的 SK4 唱机是这一时期系统设计的代表之作。认真彻底地贯彻实用主义令博朗设计成为德国优良设计的象征，使其被无数企业效仿。博朗的这种企业形象与产品美学的严格衔接，是除 AEG 之外在企业识别设计方面最著名的德国例子。1960 年代博朗将其成功的构思运用到其他产品领域，并因此产生了像厨房多功能机（KM2）和窄软摄影机（Nizo S80）这样的设计。但其纯粹主义带来的局限性也较为明显，昂贵的价格使其产品的销量一直限制在一定的范围之内。

——

1921 年：由马克斯·博朗（Max Braun）建立，
　　　　致力于生产收音机附件
1947 年：生产第一个电动剃须刀
1950 年：生产家用电器
1954 年：与乌尔姆设计学院合作；汉斯·古格洛特、
　　　　赫伯特·赫瑟（Herbert Hriche）、
　　　　威廉·华根菲尔德为其设计产品；
　　　　迪特·拉姆斯成为博朗成员
1955 年：华根菲尔德设计收音机（Combi）
1956 年：在弗里茨·艾舍（Fritz Eicher）的带领
　　　　下建立自己的设计部；
　　　　拉姆斯与古格洛特设计唱机（SK4）
1961 年：迪特·拉姆斯成为设计总监
　　　　（直到 1995 年）
1964 年：纽约现代艺术博物馆开办博朗展
1967 年：吉列（Gilette）公司成为博朗
　　　　最大的股东
2005 年：被美国俄亥俄州宝洁公司
　　　　（Procter Gamble）收购
相关作品为 4402 号、3635 号。

福师贝公司
FSB GmbH

门把手制造商，成立于 1881 年，为避开激烈的竞争而专门制作门把手，并邀请了许多国内外的优秀设计师加盟。1950 年代，约翰·博腾（John Botten）这位对钢铁材料非常着迷的设计师已经开始准备将他的所有天赋都运用在新的门把手设计上，他用当时非常典型的弧线设计了一系列非常高雅的门把手，并被纽约现代艺术博物馆收藏。1985 年，奥托·艾舍为其设计企业识别系统，开展了由钢材制成的门把手外包设计的项目。这个过程持续了 5 年，每一个细节都被拿到放大镜下仔细观察。传统的东西被一扫而空，新的视觉标准被统一起来。到目前为止，FSB 已经推出超过 100 种以铝或钢为材料的产品。FSB 的策略是：用来自整个欧洲的一流设计师来设计一个一流的品种，并借此来发现欧洲设计文化的跨度。FSB 合作的设计师有丹麦的艾里克·马格努森（Erik Magnussen）、德国的迪特·拉姆斯和法国的飞利浦·斯塔克（Philippe Starck）等。

——

1881 年：由弗朗茨·施耐德（Franz Schneider）
　　　　建立公司，当时生产皮带和金属搭扣
1925 年：为工业领域设计全部由钢片制成的
　　　　零部件
1930 年：生产第一把门把手
1985 年：由奥托·艾舍设计企业标识系统，开展
　　　　由钢材制成的门把手外包设计的项目
1986 年：建立门把手工作室，接收知名建筑师的
　　　　设计；迪特·拉姆斯设计"1138"
　　　　门把手
1990 年：由奥托·艾舍设计新的商标，
　　　　飞利浦·斯塔克设计"1191"门把手

耶拿肖特玻璃股份有限公司
Jenaer SCHOTT AG

玻璃制造商，1884 年由恩斯特·阿贝（Ernst Abbe）和奥托·肖特（Otto Schott）等人在耶拿创建。1930 年代威廉·华根菲尔德开始为其设计厨房容器，材料是来自 1900 年左右研发的耐火材料，廉价与实用性强的厚壁碗很快风靡德国。他设计的茶壶清澈轻巧，具有一种生态美感。二战后，玻璃厂一分为二：一个在东德耶拿，一个在西德美茵兹。德国统一后，两个工厂合并为一个肖特玻璃公司（Schott Glaswerke AG）。现在的美茵兹肖特玻璃厂是世界上最大的光学玻璃厂。卡尔·蔡司集团拥有肖特玻璃厂的全部股份。

——

1884 年：奥托·肖特、恩斯特·阿贝、
　　　　卡尔·蔡司（Carl Zeiss）和罗德里希·蔡
　　　　司（Roderich Zeiss）共同在德国耶拿
　　　　创立了"肖特及合作伙伴"玻璃技术实
　　　　验室，研发防火玻璃
1891 年：耶拿玻璃厂成为基金会企业，卡尔·蔡
　　　　司基金会成为独家产权所有人
1930 年：与威廉·华根菲尔德合作
1945 年：美军将管理人员和部分技术专家从
　　　　耶拿带到西德
1948 年：耶拿总厂收归国有，转变为国民
　　　　所有制企业
1952 年：在公司创始人奥托·肖特之子埃里克·肖
　　　　特（Erich Schott）的指导下，
　　　　在美茵兹重新建立基金会企业。美茵兹
　　　　成为肖特集团的总部及主要制造基地
1954 年：在德国境外建立第一家生产工厂
1963 年：肖特开始全球化发展战略，在西欧和南
　　　　欧建立生产工厂和销售机构，
　　　　在美国纽约设立销售机构
1989 年：奥托·肖特研究中心在美茵兹投入运营
1991 年：德国统一后，美茵兹肖特总部接管了耶
　　　　拿玻璃工厂的所有权，经过改造、重组
　　　　和整合，该工厂成为肖特集团的一部分
相关作品为 2959 号、0429 号、4402 号。

荣瀚宝星钟表公司
Junghans Microtec GmbH

钟表制造商，1861 年由德国人艾哈德·永汉斯（Erhard Junhans）和萨维尔·永汉斯（Xaver Junhans）两兄弟建立，通过研发"毫无问题的手表"来捍卫其品牌地位。1950 年代开始，这个传统的家族企业开始与乌尔姆设计学院合作。那时由马克斯·比尔设计的具有新功能主义严肃风格的挂钟和手表直至今日仍被赏识。在乌尔姆的"产品设计"部的主管斯科特·劳费（Scott Lauffer）眼里，功能和质量是最为重要的。

——

1861 年：由永汉斯兄弟建立钟表公司，
  位于施拉姆贝格（Schramberg）
1942 年：成立时间测量研究中心
1951 年：生产第一只自动表
1957 年：被 Diehl 公司收购
1959 年：生产马克斯·比尔设计的挂钟
1985 年：生产第一只由无线电控制的钟
1993 年：生产第一只无线电太阳能手表
相关作品为 2455 号。

哈克咖啡公司
Kaffee HAG

德国商人路德维希·罗泽柳斯（Ludwig Roselius）在 1906 年研发了不含咖啡因的哈克咖啡，他将脱咖啡因技术申请专利后，在德国不莱梅成立了欧洲首家咖啡贸易公司：哈克咖啡公司（Kaffee-Handels-Aktien-Gesellschaft，简称 Kaffee HAG）。
展品 BAA 0198 号是哈克咖啡公司的著名的咖啡具，在公司的市场化方面扮演重要角色，至今仍被收藏者看重。Kaffee Hag 作为无咖啡因咖啡的牌子，标识上的救生圈表示不危害健康的理念。最早的哈克咖啡具生产于 1907 年。

——

1906 年：路德维希·罗泽柳斯在德国不莱梅开办
  咖啡厂
1908 年：公司设计出最初的广告图案和广告语
1922 年：因为一战被迫停产的工厂重新生产无因
  咖啡，并采用流水线以扩大规模
1928 年：路德维希·罗泽柳斯将美国的分公司出
  售给美国通用食品公司
1979 年：通用食品公司收购了德国的原公司
1990 年：与卡夫食品公司合并
相关作品为 BAA 0198 号。

坎德姆灯具公司
Kandem Leuchten GmbH

马克斯·科廷（Max Körting）和威廉·马蒂森（Wilhelm Mathiesen）在 1889 年 8 月 1 日于莱比锡成立了科廷 & 马蒂森（Körting & Mathiesen）商贸公司。1891 年该公司完成了从手工业工厂向工业企业的过渡。该公司参加了 1900 年在巴黎举办的世界博览会，坎德姆商标就此诞生。坎德姆的发展得益于照明效果和产品的研发，特别是约 1918 年出现的聚光灯（Kandem-Beck），使其成为了德国最大的灯具生产商。1928 年开始和德绍包豪斯密切合作。公司在发展方式和生产方式等诸多领域处于领先地位。这些优越性和包豪斯科学的、实用主义的产品造型完美结合。共同的目标所带来的成果值得瞩目：一些型号的产品，例如坎德姆台灯和坎德姆夜灯销量成千上万。
相关作品为 BAA 0193 号、3301 号。

——

塞费尔特公司
K.M. Seifert & Co.

德雷斯顿的 K.M. 塞费尔特公司（K.M. Seifert & Co.）是青春风格时代最重要的金属制品和灯具企业之一，该企业为保尔·豪斯坦、克莱因·汉佩尔、亨利·凡·德·维尔德和玛格丽特·容格的设计提供生产服务，与慕尼黑的艺术与手工艺联合工场和德雷斯顿的手工艺工场有着紧密的联系。
相关作品为 3962 号。

朗饰壁纸制造有限公司
Rasch GmbH & Co.

墙纸生产商，1897 年由拉什兄弟建立工厂，1929 年在壁纸生产上与包豪斯学院合作。当时学生之间就包豪斯墙纸的设计展开了一场竞赛，由墙纸生产商埃米尔·拉什（Emil Rasch）提出竞赛主张并在各大报纸上刊登广告，最终取得了成功。在纳粹时期，朗饰壁纸公司是唯一一家继续使用遭到排挤的学校名字作为其品牌的公司。其产品无光的表面与精细的线条、网格以及斑点展现了一种与功能主义的定位风格相一致的全新的墙纸设计，其优点是无需裁剪就可直接张贴。二战后，朗饰壁纸公司沿着这条轨迹继续前进，推出了艺术家壁纸等系列产品。20 世纪六七十年代的朗饰壁纸公司依旧具有时代精神，其产品模仿了美国波普艺术的样式与颜色，将大面积图案引入了德国住宅。

——

1897 年：拉什兄弟（Emil Rasch 和 Hugo
  Rasch）建立工厂
1929 年：在壁纸生产方面与包豪斯学院合作
1933 年：朗饰公司从米斯·凡·德·罗手中购得
  "包豪斯"的商标所有权，包豪斯壁纸
  系列至今仍在生产
1939 年：在约瑟夫·霍夫曼的主持并参与下，
  朗饰公司推出"维也纳艺术家"
  壁纸系列
1950 年：朗饰公司推出"朗饰艺术家壁纸系列"
1992 年：设计的"时代"壁纸系列赢得大奖，
  此后在多家博物馆内展出；
  重新推出包豪斯墙纸
相关作品为 1095 号。

卢臣泰有限公司
Rosenthal GmbH

瓷器生产商，成立于 19 世纪末期，起初是装饰品企业，第二次世界大战结束时已得到了大规模的扩展，当时在风格上采用的是占统治地位的流线型。在 19 世纪末 20 世纪初生产了受青春风格影响的餐具，在 1920 年代和 1930 年代也出现了许多实用主义的餐具。1950 年代公司经历了一系列改革，其基本准则一直沿用下来。卢臣泰公司也会请著名艺术家为其产品设计小的装饰，然后限量生产，合作过的艺术家包括了华根菲尔德、格罗皮乌斯、安迪·沃霍尔（Andy Warhol）、卡尔·拉格菲尔德（Karl Lagerfeld）、科尼尼等。随着时间的流逝，卢臣泰公司的产品领域拓展到玻璃制品、餐具以及家具。

——

1879 年：由飞利浦·罗森塔尔（Philipp Rosenthal）建立，起初是装饰品企业

1910 年：设立艺术科

1921 年：开始为 AEG 设计瓷器

1950 年：飞利浦·罗森塔尔成为广告部主任，设立玻璃制品部门

1960 年：第一家艺术品商店（Rosenthal Studio-Haus）在纽伦堡开张

1967 年：收购格罗皮乌斯位于安贝格（Amberg）的玻璃工厂

1998 年：英国瓷器制造商韦奇伍德（Wedgwood）取得过半股份

相关作品为 3092 号、3734 号、3266 号。

泰克塔家具公司
Tecta Bau GmbH

1956 年由汉斯·科尔内克（Hans Koenecke）在劳恩佛尔德建立公司。1970 年代，当时还生活在民主德国的家具厂厂长兼工程师阿克塞尔·布鲁赫豪泽（Axel Bruchhaeuser）提出与包豪斯的继承人联系并继续生产他们设计的家具，但最终未能成功，且被迫流亡至西德。到了西德后他联系上了这些功能主义大师，在瑞士找到了马特·斯塔姆，在纽约拜访了马塞尔·布劳耶，在西伯利亚流放地找到了埃尔·利西茨基家族，从他们那里他得到了第一个生产许可证，也是整个泰克塔的基石。无数设计被泰克塔用机器生产出来，如布劳耶的玻璃展柜、沃尔特·格罗皮乌斯的山毛榉座椅。包豪斯家具至今还贡献着公司 80% 的收入。布鲁赫豪泽还建起了一座自己的椅子博物馆，在这里展出"悬臂椅"（Freischwinger）的发展史。当然公司也没有只停留在包豪斯身上，而是找到了更多其他古典现代主义和先锋反功能主义的设计。泰克塔将激进的先锋主义与传统的手工业优良传统完美地结合在了一起。

——

1956 年：由汉斯·科尔内克建立公司

1972 年：阿克塞尔·布鲁赫豪泽离开民主德国，并收购公司

1982 年：建立椅子博物馆

1994 年：重新发售包豪斯的家具，包括布劳耶、格罗皮乌斯以及米斯·凡·德·罗等大师的经典作品

托内特公司
Thonet GmbH

家具设计公司。米歇尔·托内特（Michael Thonet）发明了曲木技术，使木材可以被制成各种可能的形状，从而克服了家具加工手工艺的极限。最好的例子就是经过抛光的 14 号椅子，它由 6 块木制零件、10 个螺丝和 2 个螺母组成，成为工业化大生产家具的原型。1900 年前后，托内特公司将许多奥地利青春派艺术家的作品纳入其生产计划，形成了几何风格化的家具，如约瑟夫·霍夫曼和奥托·瓦格纳的作品。托内特公司很早就与包豪斯建立了联系，并成了率先制造上漆或镀铬的金属管座椅的制造商，第一款"悬臂椅"由米斯·凡·德·罗设计，这款椅子的造型可以追溯至荷兰人马特·斯塔姆与包豪斯学生马塞尔·布劳耶。战后，托内特公司再次以其积累的传统为起点，带来了一系列值得关注的设计。那些曾经被排斥的先锋人物：布劳耶、米斯和斯塔姆，他们的经典作品又成了托内特生产计划中的旗舰产品，企业本身也成了现代家具研究所。

——

1819 年：米歇尔·托内特在鲍帕德建立木工作坊

1842 年：迁往维也纳

1843 年：为列支敦士登宫殿设计制造椅子

1850 年：为咖啡馆 Daum 制造椅子

1851 年：公司的产品在伦敦世界博览会上展出

1899 年：阿道夫·路斯将弯木椅子用于咖啡馆博物馆

1923 年：合并成为 Thonet-Mondus 公司

1928 年：马塞尔·布劳耶设计 B35 座椅

1931 年：与米斯·凡·德·罗签订许可证合同

1932 年：获得"悬臂椅"的生产许可

1945 年：重建弗兰肯伯格的工厂

1953 年：在纽约现代美术馆举办家具展

1999 年：为德国议会餐厅设计座椅

相关作品为 2956 号、2109 号、3907 号、1520 号。

大众汽车集团
Volkswagenwerk Group

大众汽车（Volkswagen）是一家总部位于德国沃尔夫斯堡的汽车制造公司，也是世界四大汽车生产商之一的大众集团的核心企业。"Volks"在德语中意为"国民"，"Wagen"在德语中意思为"汽车"，全名的意思即"国民的汽车"，故又常简称为"VW"。

——

1937 年：由德国劳工阵线创建
1938 年：公司更名为"Volkswagenwerk
　　　　GmbH"，在沃尔夫斯堡建厂，
　　　　用以生产由斐迪南·保时捷（Ferdinand
　　　　Porsche）设计的新款车型
1945 年：公司由英国军政府接管，甲壳虫汽车
　　　　开始投入大批量生产
1956 年：一个独立的生产基地在汉诺威成立，
　　　　埋下了今天大众商用车品牌的种子
1965 年：收购奥迪联合有限公司
1968 年：第一部甲壳虫电影（The love bug）
　　　　上映
1969 年：与保时捷合作成立销售公司
1972 年：甲壳虫打破福特汽车公司 Model T 车型
　　　　（即公众所熟悉的 Tin Lizzy）在 1908 年
　　　　到 1927 年所创下的生产记录
1974 年：在沃尔夫斯堡开始生产新款的高尔夫
　　　　（Golf）系列汽车，成为甲壳虫神话的
　　　　继承者
1985 年：在沃尔夫斯堡开设汽车博物馆
相关作品为 2775 号、2776 号、2777 号、2778 号。

WK 公司
WK

家具制造商及利益联盟。1912 年，来自德国法兰克福和柏林的八个家具店的业主建立了 WK 家居艺术设计工作组。在联盟的章程中规定，以"推广好的品位"为己任。他们将独特的家居理念融入设计之中，使家具变得简约而时尚，这种设计风格对后来的家具设计风格有着极其深远的影响。一战后，WK 设计组于 1927 年得到了重建，拥有超过 20 个生产车间，生产符合高工艺水平和质量标准的家具。在包豪斯时期，人们将灵活的可装拆的成套家具纳入生产计划。在第三帝国时期，WK 设计工作组被强行解散。在欧文·霍夫曼（Erwin Hoffmann）的不懈努力下，WK 设计工作组于 1948 年在斯图加特以重建。1950 年代是 WK 家居设计中心飞速发展的时期。1953 年，WK 推出第一期宣传优质生活方式的客户杂志。1980 年代，来自 WK 家居设计的产品在红点奖（Red Dot Design Award）的评比中一共获得了不少于 9 次的嘉奖。

——

1912 年：成立家居艺术设计工作组
1927 年：重组 WK 设计工作组
1957 年：WK- 欧文·霍夫曼基金会成立，同年，
　　　　WK 开发的新产品获得了设计大奖
1958 年：WK 在布鲁塞尔世界博览会获得
　　　　荣誉证书。
1960 年：WK 设计的厨房设施获得米兰设计大奖
1971 年：推出系列产品（trion）并于 1988 年被
　　　　选入德国斯图加特设计中心
1979 年：厨房系统荣获德国最高的设计奖"联邦
　　　　优秀设计奖"

福腾宝公司
WMF

金属制品生产商，于 1853 年成立。1920 年代中期，为人熟悉的克拉玛杜尔铬锰钢（Cromadur）确立了其作为原材料在家庭和厨房用具生产中的地位。直到第二次世界大战后，WMF 公司在华根菲尔德的帮助下迎来了真正的繁荣，其产品将功能性与时尚弧形相结合，如餐具"3600"。1980 年代，WMF 开始重新思考一些其他原创设计的价值，如那些后现代的非功能主义的设计。此外，WMF 还是一家传统的餐饮业装备供应商，是世界领先的饭店、宾馆装备供应商之一。

——

1853 年：作为斯特劳布与舒百茨
　　　　（Straub&Schweitzer）金属制品厂成立
1880 年：合并入福腾宝地区金属制品工厂
　　　　（WMF 为其厂名首字母缩写）
1927 年：成立新手工部门
1932 年：设计生产了克拉玛杜尔铬锰钢餐具
1952 年：华根菲尔德设计盐－胡椒瓶
1989 年：加入卢臣泰公司下属瓷器制造工厂
　　　　（Hutschenreuther）

拉文斯堡游戏公司
Ravensburger Spieleverlag AG

该公司 1884 年出版了第一个主题为环游地球的游戏，装潢得非常奢华，用充满爱心的手工工艺方式制作出来。接下去很快又出品了学习游戏、儿童游戏、牌戏、战略游戏以及儿童游戏工具箱。通过自己动手获得知识是该公司的主导理念，因为拉文斯堡这个城市对于跨地区销售而言太过偏僻，所以创始人奥托·马易尔（Otto Maier）采用了高效的推销和机敏的广告方式。1900 年，奥托·马易尔请求帝国议会保护"拉文斯堡游戏"品牌。他从 1902 年开始派遣了一位"旅人"作为代理人穿越整个德国、西欧、奥匈帝国直到波罗的海地区。1923 年奥托·马易尔和他的三个儿子在拉文斯堡建立了自己的卡纸生产企业，不再依赖于供货商。直到今天，在当地每年都会售出 2500 万纸质游戏和拼图。
相关作品为 3981 号。

20世纪德国设计制造相关组织机构

维也纳作坊联盟
Wiener Werkstätte

由奥地利分离派艺术家约瑟夫·霍夫曼、科勒曼·莫瑟 (Koloman Moser) 和银行家弗里茨·伍道夫 (Fritz Worndorfer) 建立，仿照英国的艺术与手工艺运动，该组织成立的目的也是针对批量生产所带来的设计水平下降而开展设计改良运动，主张使用几何图案设计家具和配件。由于成员大多是分离派的艺术家，所以它很快成为早期现代主义设计的中心，对德国设计有深远的影响到1905年就已经有100名成员，从1913年开始在各个城市举办展览。

慕尼黑艺术手工艺联合会
Vereinigte Werkstatten fur Kunst im Handwerk

20世纪初德国的设计机构之一，成立于慕尼黑。1907年和德雷斯顿作坊联盟结合成为德意志作坊联盟，是德意志制造同盟的基础。该组织拥有许多知名设计师，如布鲁诺·保罗、理查德·里梅尔施密特以及彼得·贝伦斯等人。它主张联合艺术家与手工艺人，倾向于青年风格，从弯曲的花卉线条走向更为严谨和适应机械生产的直线装饰，并尝试"组合家具"的制作。除了慕尼黑外，它还在汉堡、柏林、科隆、汉诺威、纽伦堡和达姆施塔特开设了办事处。

德雷斯顿手工艺艺术作坊同盟
Dresdner Werkstätten für Handwerkskunst

德雷斯顿手工艺艺术作坊同盟是卡尔·施密特建立在德雷斯顿郊区、围绕家具生产的作坊联盟，成立于1898年。这位"留心美的东西的企业家"把在当时还不被普遍接受的朴实的设计风格带给了生产家具的手工业者、艺术家和建筑师，其中突出的设计师有理查德·里梅尔施密特和布鲁诺·陶特。该同盟通过和住房装修作坊同盟、作坊同盟体（二者都位于慕尼黑）的联合形成了一个大的企业。1907年，与慕尼黑手工艺联合会等合并为德意志制造同盟，拥有自己的工厂和遍布全国的销售点。

德国作坊同盟
Deutsche Werkstätten

由德雷斯顿手工艺艺术作坊与慕尼黑手工艺艺术作坊合并而成，是德意志制造同盟的前身。同时它拥有自己的工厂，是德国第一家采用现代化机器进行生产的家具制造公司。公司的创始人卡尔·施密特专注于家具制造的改革，他试图在低成本的批量化生产与个性化需求之间找到平衡，同时大量采用胶合板作为家具的原材料。二战后，工厂成为东德的重要家具生产商。1991年东西德合并后，工厂开始私有化，并开始专注于高品质的室内装饰。它在法国与英国设有办事处。

德意志制造同盟
Deutscher Werkbund

德意志制造同盟成立于1907年，是德国现代主义设计的基石。它在理论与实践上都为1920年代欧洲现代主义设计运动的兴起和发展奠定了基础。其创始人有德国著名外交家、艺术教育改革家和设计理论家赫尔曼·穆特修斯，现代设计先驱彼得·贝伦斯以及著名设计师亨利·凡·德·维尔德等人。其基地设在德雷斯顿郊区赫勒劳。其宗旨是通过艺术、工业和手工艺的结合，提高德国设计水平，设计出优良产品。在肯定机械化生产的前提下，同盟把批量生产和产品标准化作为设计的基本要求。1912至1919年，同盟出版的年鉴先后介绍了贝伦斯为德国通用电气公司设计的厂房以及一系列产品、沃尔特·格罗皮乌斯为同盟设计的行政与办公大楼和玻璃幕墙的法古斯（Fagus）鞋楦厂房、布鲁诺·陶特为科隆大展设计的玻璃宫等，都具有明显的现代主义风格，对1914年科隆大展的展品介绍尤其令人耳目一新。1914年，同盟内部发生了设计界理论权威穆特修斯和著名设计师维尔德关于标准化问题的论战，这次论战是现代工业设计史上第一次具有国际影响的论战。第一次世界大战使其活动中断，但它所确立的设计理论和原则为德国和世界的现代主义设计奠定了基础。

造型顾问委员会
Rat für Formgebung

成立于1953年，1987年迁至法兰克福，目的在于促进德国工业设计界生产好的设计作品。它是联邦政府中唯一一个设计领域的机构（隶属于经济部）。历任主席有汉斯·思维佩特（Hans Schwippert）、飞利浦·卢臣泰·迪特·拉姆斯等人。该组织通过出版《设计报告》杂志、筹办展览等方式推广优秀的设计作品。1969年还推出了"联邦产品造型奖"（Bundespreis Förderer des Designs），成为德国设计界的最高奖项之一。

沃普斯韦德艺术家聚居区
Worpswede

建立于1889年的以艺术家生活和工作为主的社区，主要活动着弗里茨·麦肯森（Fritz Mackensen）、奥托·莫德松（Otto Modersohn）、海因里希·弗格勒（Heinrich Vogeler）等人以及他们组建的艺术家小组。他们拒绝学术性的标签，崇尚贴近自然，在设计之外还努力制像织物和家具这样的日用品。一战后，华根菲尔德也加入了这个组织。由于拥有众多当时的建筑，它现在已经成为德国重要的观光与度假胜地。

达姆施塔特艺术区
Darmstadt Künstlerkolonie

1899年黑森州的大公恩斯特·路德维希在达姆施塔特成立了艺术区，召集各国新艺术运动的艺术家来到达姆施塔特，目的是通过艺术推动黑森州的工业发展。达姆施塔特艺术区的建筑基本由约瑟夫·马里亚·奥布里奇设计。达姆施塔特艺术区很快成为了德国新艺术运动的中心，其尝试将手工艺和产业结合的实验，对日后的德意志制造同盟、包豪斯学院都有着深远的影响。

20世纪德国设计——人物

拜耶，赫伯特（1900–1985）
Bayer, Herbert

赫伯特·拜耶出生于澳大利亚，1921 年至 1923 年就读于包豪斯，1924 年至 1925 年重归包豪斯任教，直至 1928 年格罗皮乌斯辞去校长职务时离开。拜耶是包豪斯最多才多艺的毕业生之一。作为画家、摄影家、设计师和建筑师，拜耶最富创意、最具影响力的作品出现在邮票印刷和美术设计、图形设计领域。他于 1938 年移民美国，并在同年与格罗皮乌斯在纽约举办了轰动一时的大型包豪斯艺术展。

相关作品为 3417 号、4255 号、1620 号、0894 号。

鲍迈斯特，维利（1889–1955）
Baumeister, Willi

维利·鲍迈斯特出生于德国斯图加特，1912 年在跟随阿道夫·霍策尔（Adolf Hölzel）学习绘画时与奥斯卡·施莱默相识，并成为终身朋友。1927 年成为法兰克福应用艺术学校（Frankfurt School of Applied Arts）教师，次年他拒绝了德绍包豪斯的聘任邀请。纳粹上台后，被列为"堕落艺术家"之一。他的作品受到立体主义及塞尚的影响。

相关作品为 1286 号。

贝伦斯，彼得（1868–1940）
Behrens, Peter

彼得·贝伦斯，德国建筑师，工业产品设计的先驱，"德意志制造同盟"的首席建筑师。现代主义建筑大师格罗皮乌斯、米斯·凡·德·罗和勒·柯布西埃早年都曾在他的设计室工作过。贝伦斯早年在汉堡的艺术学校学习，1897 年赴慕尼黑，1900 年到达姆施塔特，在那里他从艺术转向了建筑。1903 年他被任命为杜塞尔多夫艺术学院（Kunstgewerbeschule Düsseldorf）的校长。1904 年参加了德意志制造同盟的组织工作，1907 年德意志制造同盟在穆特修斯的大力倡导与组织下宣告成立，其目的首先是要在各界推广工业设计思想，规划美术、产业、工艺、贸易各界人士共同推进"工业产品的优化化"，制造同盟的口号就是"优质产品"。1907 年他被德国通用电气公司聘为建筑师和设计协调人，开始了他作为工业设计师的职业生涯。1909 年至 1912 年参与建造公司的厂房建筑群。他设计的透平机车间成为当时德国最有影响的建筑物，被誉为第一座真正的"现代建筑"。

相关作品为 2033 号、BAA 0005 号、0811 号、2047 号、2872 号。

伯哈德，卢西安（1883–1972）
Bernhard, Lucian

卢西安·伯哈德是对早期德国设计师影响深远的一位艺术家。他对当时新发展起来的务实主义海报风格很有大影响，并在企业形象识别的理念上走出了第一步。1921 年，他开始与玛诺里香烟厂合作，为其设计海报、包装和广告，还有商店的布置、橱窗的造型元素（约 1922 年）和玛诺里楼的立面和展示厅。1922 年，伯哈德成为柏林工艺美术博物馆（Berliner Kunstgewerbemuseums）教育机构的教授。一年之后他受邀去美国作巡回讲座，很快他就决定在美国居留下来。

相关作品为 3873 号。

比尔，马克斯（1908–1994）
Bill, Max

马克斯·比尔于 1927 年至 1928 年在德绍包豪斯金属工坊学习，在 1930 年代他就已经在他的平面设计中采用了网格系统。比尔是德国乌尔姆设计学院的创建者之一，并从 1953 年至 1956 年担任首任校长，他还设计了该校的教学楼。他是瑞士国际风格的奠基人，也是瑞士最为著名的建筑师和产品设计师。他是具象艺术领域的一位重要的艺术家，是康定斯基的具体绘画的继承者和推动者，是瑞士构成主义派的领导者。1932 年到 1937 年，他是巴黎抽象创意艺术家运动的成员。1944 年至 1945 年，他成为苏黎世艺术学院（Zürcher Hochschule der Künste）的教授。1967 年至 1974 年，他在汉堡造型艺术学院（Hochschule für bildende Künste Hamburg）环境设计专业执教。

相关作品为 2455 号、4399 号。

博厄斯，弗朗茨（1872–1956）
Boeres, Franz

画家、雕塑家和设计师费朗兹·博厄斯在 1892 年至 1900 年间作为制模师在斯图加特的保罗·斯多兹（Paul Stotz）矿石铸造厂工作。之后他开始了一段自由创作的生涯。从 1903 年起他为德国著名珠宝设计师、欧洲新艺术运动的珠宝设计界先驱特奥多尔·法尔纳（Theodor Fahrner）工作。1905 年他的作品在斯图加特的艺术协会展出。他的"Fahrner"珠宝参加了圣路易斯世博会（The Louisiana Purchase Exposition），并在 1913 年德意志制造同盟的莱比锡展览上展出。

相关作品为 0592 号。

伯格勒，特奥多尔（1897–1968）
Bogler, Theodor

特奥多尔·伯格勒早期曾学习建筑与艺术史，1920 年至 1924 年期间加入包豪斯位于多恩堡（Dornburg）的陶瓷工坊，1922 年通过了熟练工考核。他创造出一系列经典陶瓷作品，其中包括"土耳其"咖啡壶（Turkish coffee pot）和不同款式的"组合"茶壶（combination teapot）。

离开包豪斯后，他管理过柏林一家模具工厂车间，后研修哲学、神学，成为修道神父，期间他没有中断陶瓷事业。1934 年至 1938 年，他活跃于另一著名陶艺家赫德沃思·博尔哈根（Hedwig Bollhagen）的工作室。1948 年后，他主管玛利亚·拉霍（Maria Laach）修道院的艺术工作室和艺术出版公司。

相关作品为 0070 号。

布兰特，玛丽安娜（1893–1983）
Brandt, Marianne

玛丽安娜·布兰特 1911 年到 1917 年期间在魏玛工艺美术学校（Kunstgewerbeschule in Weimar）学习绘画和雕塑，1923 年就读于包豪斯直至 1926 年。1927 年至 1929 年间，她受聘为包豪斯的助教。尽管拍摄了大量富于想象力的蒙太奇照片，但是她最著名的还是金属和玻璃等一流的工业设计。她设计的茶壶是其构成主义的工作方式、叠加风格和对半球等几何元素的最好诠释。她设计的具有结构主义特征的灯具与生产商有了实际的生产合同。她设计的带升降装置的吊灯因其简单和功能化成为现在许多餐厅吊灯的典范。她成为包豪斯大师后，将金属工坊打造成包豪斯在商业上最成功的部门。

相关作品为 BAA 0193 号、3301 号、0614 号。

布雷登迪克，辛（1904–1995）
Bredendieck, Hin

辛·布雷登迪克出生于德国奥里希。他于 1927 年就读于包豪斯，1930 年毕业。在德国，他与拉兹洛·莫霍利-纳吉、赫伯特·拜耶一起开始了他的实践。1937 年，他被莫霍利-纳吉邀请到美国加入芝加哥包豪斯（New Bauhaus），而且在 1952 年成为佐治亚州技术研究所（Georgia Tech Research Institute）设计程序表的首席指导者，直到 1971 年退休。他是 IDSA（美国工业设计师协会 Industrial Designers Society of America）的参与者，并在 1994 年获得教育奖。

相关作品为 3301 号。

布劳耶，马塞尔（1902–1981）
Breuer, Marcel

马塞尔·布劳耶出生于匈牙利，1921 年至 1927 年就读于包豪斯，专攻家具设计，受风格派设计师格里特·里特维尔德影响，很快从原始风格转向组装方法。1925 年至 1928 年间，布劳耶在包豪斯任教，依据机械原理，他采用轻质金属管发展了椅子和其他家具构架的革命性设计方案，如著名的瓦西里椅。布劳耶认识到了"现代生活的器具"必须物美价廉、方便拆卸。虽然布劳耶并没有因瓦西里椅而取得商业上的成功，但却奠定了未来家具的造型风格，影响深远。1935 年他移民英国伦敦从事设计和建筑。1937 年移民美国，在哈佛大学教授建筑。他激励了整整一代设计专业的学生，作为建筑设计师他同样取得了很大的成就。

相关作品为 2900 号。

布鲁诺，保罗（1874–1968）
Bruno, Paul

保罗·布鲁诺是青年风格的旗手，是德意志制造同盟创始人之一。1897 年同理查德·里梅尔施密特和赫尔曼·奥布里斯特（Hermann Obrist）一同建立了慕尼黑艺术手工艺联合会（Vereinigte Werkstatten fur Kunst im Handwerk，后成为德意志制造同盟的机构之一），同年在慕尼黑造型艺术学院（Akademie der Bildenden Künste München)任教。1907 年他在"德国手工艺工厂"（前身是"德雷斯顿手工艺工厂"）中完成了首件现代组合式家具。1910 年担任布鲁塞尔世界博览会德国艺术总监。

相关作品为 2028 号。

科拉尼，路易奇（1928– ）
Colani, Luigi

路易奇·科拉尼于 1949 年至 1952 年在柏林艺术大学（Universitaet der Künste Berlin）学习雕塑和绘画，后在巴黎索邦大学（Collège de Sorbonne）学习空气动力学。之后的十年他成为世界闻名的设计师，设计了摩托车、飞机、直升飞机和许多汽车。他善于将普通的汽车改造成跑车，将名贵的车身改造成幻想的古老时代的车。1960 年开始家具设计，并被慕尼黑现代艺术馆（Neue Pinakothek）永久收藏。1972 年成立自己的工作室，1990 年起开始涉足中国，1995 年被同济大学聘为名誉教授，2008 年在中国成立工作室，开发长江三角洲的风力发电项目。2010 年 10 月 21 日，访问中国美院上海设计学院，为学生们讲授了一场主题为"我的世界是圆的"的专题讲座。

相关作品为 3734 号。

德夫克，威廉（1887–1950）
Deffke, Wilhelm

1925 年，德夫克为一个名为"糖"的糖制品工业展览制作了海报，他本人任策展人。

相关作品为 2577 号。

杜斯堡，泰奥·凡（1883–1931）
Doesburg,Theo van

泰奥·凡·杜斯堡是荷兰"风格派"的创始人，创立、编辑并投资出版了《风格》杂志。尽管凡·杜斯堡同蒙德里安一样都以对抽象派毫不妥协的态度而闻名，但他却同时创作达风格的作品。杜斯堡于 1920 年 12 月第一次来到魏玛包豪斯，1921 年春天移居魏玛，时断时续地在那里住到 1923 年初，继续出版《风格》杂志，以示对包豪斯的不满。他认为包豪斯的创作风格浪漫主义色彩过重。一些学生在离开包豪斯之后被杜斯堡收在旗下，他们在魏玛的活动依然刺激着格罗皮乌斯和他的教员们。1921 年到 1923 年间包豪斯风格的转变在很大程度上是受泰奥·凡·杜斯堡影响的结果。

相关作品为 0616 号。

易姆斯，查尔斯（1907-1978）和
易姆斯，瑞（1912-1988）
Eame, Charles & Eame, Ray

易姆斯夫妇是 20 世纪最有影响力的设计师之一，是建筑、家具和工业设计等现代设计领域的先锋设计师。他们卓越的设计涵盖了家具、建筑、影像与平面设计各领域。他们从二战中美国海军的实验计划中学习经验，可谓现今工业中使用模铸胶合板的先锋。这对设计界的超级夫妇自 1940 年参与由纽约现代艺术博物馆举办的有机家具设计大赛，至今已有近百件作品被各大博物馆永久收藏。他们在家具设计领域引领起一股新风潮，时尚、雅致、简洁，兼顾功能性，满足使用者的需求，为使用者带来愉悦的经验。

相关作品为 3981 号。

艾科曼，奥托（1865-1902）
Eckmann, Otto

奥托·艾科曼是德国画家和平面设计师，曾为《青年》杂志做平面设计，他为《星期》杂志封面所设计的字体是 20 世纪初的第一种现代印刷字体。他创作的艾科曼字体是使用最广泛的青春风格字体。

相关作品为 2906 号。

埃姆克，弗里茨·海穆特（1878-1965）
Ehmcke, Fritz Hellmuth

弗里茨·海穆特·埃姆克从 1903 年起在杜塞尔多夫艺术学院任教，1913 年至 1938 年在慕尼黑造型艺术学校任教。他于 1907 年创造衬线哥特手写体字体（Antiqua Fraktur）。1946 年到 1948 年，他回到慕尼黑造型艺术学校任教。

相关作品为 3906 号。

格雷奇，赫尔曼（1895-1950）
Gretsch, Hermann

赫尔曼·格雷奇是德国设计师，早年曾在斯图加特学习建筑与陶艺。1930 年任职于斯图加特的国家贸易办公室，同年担任欧瓷宝公司的艺术指导，直至去世。1920 年代末欧瓷宝公司与格雷奇合作推出的"1382"系列瓷器最为著名。1934 年，格雷奇加入纳粹党。1935 年至 1938 年任德意志制造同盟主席，并成为欧瓷宝公司的总裁和斯图加特美术学院（Stuttgart State Academy of Art and Design）的校长。

相关作品为 4418 号。

格罗皮乌斯，沃尔特（1883-1969）
Gropius, Walter

沃尔特·格罗皮乌斯作为建筑师、设计师，是德国工业设计的先驱之一，也是包豪斯的奠基者，在 1919 年至 1928 年间任校长。1908 年至 1910 年间格罗皮乌斯曾在彼得·贝伦斯的私人建筑设计事务所里做过助手。他同样是"德意志制造同盟"的领袖人物之一。1911 年他与阿道夫·梅耶一起设计了法古斯鞋厂（Fagus），1914 年设计了德意志制造同盟科隆展的参展建筑。1926 年设计了德绍包豪斯的大楼。格罗皮乌斯为了营造一个极其明显的国际主义氛围而聘请了许多外国艺术家。1928 年从包豪斯辞职后，格罗皮乌斯一直专注于自己的建筑事务所。1934 年至 1937 年间他移居伦敦，与麦克斯维弗莱（Maxwell Fry）在剑桥附近的乡村学院从事设计。后移民美国，成为哈佛大学建筑学院院长。1946 年他与曾经合作过的设计师创立了"建筑合作社"（The Architects' Collaborative），参与大型建筑设计，如纽约的泛美大厦（PAN AMERICA）。

相关作品为 4267 号、2877 号、3092 号、1945 号、3034 号。

古格洛特，汉斯（1920-1965）
Gugelot, Hans

汉斯·古格洛特，系统设计的创始人之一。1948 年至 1950 年古格洛特与马克斯·比尔合作，首次涉足家具设计。1950 年成立了自己的工作室，首次开发 M125 家具（一种模块化的橱柜系统）。1945 年古格洛特应邀去乌尔姆设计学院任教，在那里结识了欧文·博朗。1955 年开始担任设计讲师，随后又开始领导乌尔姆的研发小组，正式开发博朗的新产品。1955 年至 1958 年，他为博朗设计了一系列堪称典范的家电产品，包括收音机、电话和电视机等，并形成完整的产品系统。这些产品在 20 世纪的最后 15 年里影响了整个工业产业界。1961 年开始执掌乌尔姆设计学院。

相关作品为 3635 号、4399 号。

哈特维希，约瑟夫（1880-1955）
Hartwig, Josef

哈特维希于 1893 年到 1897 年完成石匠的学习。17 岁开始，他在慕尼黑的埃尔韦拉摄影工作室（Elvira photo studio）从事室内设计。1904 年至 1908 年在慕尼黑学院（Munich Academy）师从巴尔萨泽施密特。1914 年起在柏林担任石匠。1921 年至 1925 年，哈特维希在魏玛的包豪斯担任石刻和木雕工坊的大师。在此期间，他与奥斯卡·施莱默共同负责包豪斯建筑的室内设计。1922 年制作了著名的雕塑"猫头鹰"。1923 年设计了著名的包豪斯象棋。在魏玛包豪斯关闭后，哈特维希进入法兰克福造型艺术学院（Staatliche Hochschule für Bildende Künste）教授雕塑直到 1945 年，之后他在市政雕塑馆担任导师。

相关作品为 0619 号。

希尔德布朗德，玛格丽特（生卒年不详）
Hildebrand, Margaret

玛格丽特·希尔德布朗德，1943 年起就读于斯图加特美术学院，1938 年在普劳恩纺织设计艺术学校（Kunstschule für Textildesign in Plauen）学习。从 1936 年开始她就为斯图加特窗帘厂工作，直到 1966 年，她一直留在该企业。1951 年起，她成为企业领导。1956 年至 1981 年，她成为汉堡造型艺术学院纺织品设计教授。希尔德布朗德的自由艺术创作包括设计窗帘、家具材料、地毯、挂毯、瓷器和人造材料等。她与联邦德国建筑协会（Architekten des BDA），德意志制造同盟的建筑师、汉斯·斯维佩特（Hans Schwippert）等有过合作。她还与朗饰壁纸厂、卢臣泰瓷器厂、欧瓷宝瓷器厂以及其他各种企业设计产品。

相关作品为 3266 号。

霍夫曼，休伯特（1904-1999）
Hoffmann, Hubert

休伯特·霍夫曼 1926 年至 1929 年在德绍包豪斯学习。1929 年至 1931 年在佛瑞德·付巴特（Fred Forbat）和马塞尔·布劳耶的设计事务所工作，之后在柏林开设木工坊。1932 年他回到包豪斯，参与德绍市郊区的拓藤（Torten）社区的设计规划以及"分析的德绍"设计工作，之后和格罗皮乌斯一起回到荷兰，成为国际现代建筑协会（International Union of Architects）的成员。

相关作品为 2768 号。

霍夫曼，约瑟夫（1870-1956）
Hoffmann, Josef

约瑟夫·霍夫曼是早期现代主义家具设计的先锋人物。他为机械化大生产和优秀设计的结合作出了巨大的贡献。他主张抛弃当时欧洲大陆极为流行的装饰意味浓重的"新艺术风格"，因而他所设计的家具往往具有超前的现代感。霍夫曼一生在建筑设计、平面设计、家具设计、室内设计、金属器皿设计等各个方面都有着巨大的成就。在他的建筑设计中，装饰的简洁性十分突出。由于他偏爱方形和立体形，所以在他的许多室内设计如墙壁、窗子、地毯和家具中，家具本身被处理成岩石般的立体。在他的平面设计作品中，图形设计的形体如螺旋体和黑白方形的重复十分醒目，其装饰的基本要素是并置的几何形状、直线条和黑白对比色调。这种黑白方格图形的装饰手法为他所首创，他本人也被学术界戏称为"方格霍夫曼"。

在第一次世界大战后，霍夫曼的设计转向新古典或新洛可可风格，他后来的折中主义成了从早期的简洁风格转向繁复装饰的一个例证。然而，霍夫曼晚期的这种"借鉴"也给后现代设计师提供了一个从现代性简洁的态度向天主教感觉的装饰演变的历史参考。

相关作品为 0563 号。

贾克，卡尔·雅各布（1902-1997）
Jucker, Carl Jacob

卡尔·雅各布·贾克于 1922 年在苏黎世应用艺术学校完成了银匠培训。1922 年至 1923 年，他在包豪斯金属工坊学习，与华根菲尔德共同设计了著名的"包豪斯台灯"。之后在瑞士担任一家银器厂的设计师，并在职业学校教书。

相关作品为 0609 号。

康定斯基，瓦西里（1866-1940）
Kandinsky, Wassily

瓦西里·康定斯基生于俄国，在那里学习自然科学和法律，1896 年就读于慕尼黑造型艺术学院学习绘画。作为慕尼黑艺术圈"青骑士社"（Der Blaue Reiter）的领袖，康定斯基在德国先锋派中取得很高的知名度。在 1914 年被迫离开德国回到俄国时，他已是一流的抽象派艺术画家和才华横溢的理论家。早在 1912 年，他就出版了长篇随笔《论艺术之精神》（Concerning the spiritual in art）。1921 年以前，他一直以教师和行政官的身份热情地参与苏联革命，之后重回德国柏林从事绘画。在此后的日子里，他受聘于包豪斯直至 1933 年学校关闭，期间曾担任过代理校长。在校任教期间，他负责魏玛的壁画工坊，教授色彩与图形创作以及分析绘图课。1933 年他移居法国。

相关作品为 0452 号。

吉特曼，彼得（1916-2005）
Keetman, Peter

古特曼的摄影作品非常具有代表性，形象地表现了材料本身的质感、表面的结构、线条的流动、光的反射以及对造型不同的观察角度。照片的决定性因素是光线。吉特曼以其具有艺术情怀的摄影，与"专业的"有着特定目的的职业摄影区分开来，涵盖了单纯的资料汇编、机械策划以及社会报道等领域。他的作品使人们联想到"新客观主义"的作品，例如阿尔伯特·雷恩格 - 帕赤（Albert Renger-Patzsch）。

相关作品为 2775 号、2776 号、2777 号、2778 号。

克莱默，费迪南德（1898-1985）
Kramer, Ferdinand

费迪南德·克莱默生于 1898 年，18 岁时作为士兵参加过第一次世界大战，战后在慕尼黑学习建筑，并融入了知识分子的圈子。他曾在包豪斯短期学习过，但并没有适应那里的学习环境。20 世纪中期，他开始为法兰克福的一些由水泥、钢筋和玻璃构成的小型住房设计家具和配套设施，也就是朴实的、棱角分明的风格化家具。这些家具价格便宜、功能性强，符合他的简单化的设计理念。纳粹上台后，他因为自己的左倾观点与妻子的犹太人身份不得不移居美国，但始终没有适应那里，1952 年重返法兰克福。

相关作品为 2109 号。

库朴弗罗斯，艾尔斯贝特（1920- ）
Kupferoth, Elsbeth

艾尔斯贝特·库朴弗罗斯出生在柏林，于 1937 年至 1941 年在柏林纺织和时装学校（Textil und Modeschule Berlin）学习，同时在德意志时装学院（Deutschen Modeinstitut）师从玛利亚·梅（Maria May）。自 1945 年起成为自由平面设计师。她作为插画家为战后的讽刺性杂志《猫头鹰之镜》（Der Eulenspiegel）和由艾利希·凯斯特内主持的《新报》（Neuen Zeitung）副刊供稿。她在美国杂志《看》（LOOK）发表的批判性插画引人注目。她还为海茵茨·舒尔茨 - 凡勒尔（Heinz Schulze-Varell）、鲍莎纺织公司（Pausa）、联合手工工场（Vereinigten Werkstätten）、慕尼黑乌尼纺织公司（Uni-Textilgesellschaft München）和汉堡吉尔德公司（Gilde）工作，并为朗饰和马堡（Marburger）壁纸企业设计壁纸。在 1950 年代，她作为装饰布和壁纸设计师在欧洲、美国和日本工作，1950 年代后期也为哥坪格织布和人造革工厂（Göppinger Kaliko-und Kunstleder-Werke）设计产品，1956 年创建库朴弗罗斯 - 印染纺织出版社（Kupferoth-Drucke）（和她的丈夫一起），1989 年卖掉企业后作为自由艺术家工作。

相关作品为 4479 号。

林丁格，赫伯特（1933- ）
Lindinger, Herbert

赫伯特·林丁格是德国的工业设计师，曾经在乌尔姆设计学院学习。他与汉斯·古格洛特合作完成过许多博朗公司的产品设计。他最知名的是火车和有轨电车的设计，如：tw6000。1959 年至 1962 年期间，林丁格、古格洛特、彼得·克娄依（Peter Croy）和奥托·艾舍共同设计开发了汉堡的地铁系统。汉诺威大学（Universitat Hannover）的标志也是他设计的。

相关作品为 3635 号。

利西茨基，埃尔（1890-1941）
Lissitzky, El

埃尔·利西茨基是展示设计师、建筑师和平面设计师，构成主义艺术的代表之一。他是犹太裔俄罗斯人，曾于1912年求学于德国达姆施塔特艺术区，直至1914年一战爆发被迫返乡。他大约在1919年加入构成主义行列。1921年，利西茨基前往德国、荷兰与瑞士，将构成主义的观点与理论传给达达主义、风格派与包豪斯。1925年，利西茨基回到莫斯科，之后从事教学工作直到1930年。

相关作品为2351号。

罗维，雷蒙德（1893-1986）
Loewy, Raymond

雷蒙德·罗维是美国职业设计师和工业设计之父。他的作品囊括了火车头、汽车、企业标识，甚至整座购物商场以及消费产品的所有种类。他在1900年左右开始为塞弗尔特公司工作。罗维在他的家乡完成了工程师的学业，1919年移居纽约。在那里，他最初的工作是给"时尚"（Vogue）杂志画时装插画。从1929年开始，他成为造型设计师。他的工作室于1951年至1955年为德国卢臣泰公司工作。作为设计师，其作品的特点十分明确，即使用简单的几何形来构建产品的功能。他的设计与当时的现代主义风格不谋而合。

相关作品为3266号。

路斯，阿道夫（1870-1933）
Loos, Adolf

阿道夫·路斯是奥地利的现代主义建筑师、工业设计师、建筑理论家。他曾在1900年以《反整体艺术》（anti-Gesamtkunstwerk）来批判分离派总体设计观。1908年，在他的论文《装饰与罪恶》（Ornament und Verbrechen）里，反对维也纳分离派，提出"装饰即罪恶"的观点，号召在欧洲文化中发动一场向美国学习的改革，严格摒弃历史主义风格和青年风格的装饰。他的建筑理论与实践促进了现代建筑从装饰走向功能。他的建筑作品早在风格派和包豪斯成立之前就已预演了几何化极简造型和功能主义。

相关作品为1939号。

马克斯，格哈德（1889-1981）
Marcks, Gerhard

格哈德·马克斯于1919年执教于包豪斯，是包豪斯第一批教员，在陶艺工坊任形式大师，直至1925年学校迁到德绍。一战前他与格罗皮乌斯合作为其制造同盟科隆建筑展的内部装饰创作陶艺品。1925年到1930年，马克斯在伯格工艺美术学校（Kunstgewerbeschule in Burg）教授雕塑，1930年至1933年间任该校校长，直至遭到纳粹驱逐。

相关作品为0429号。

马戈尔德，约瑟夫·伊曼纽尔（1889 — 1962）
Margold, Josef Emanuel

马戈尔德是20世纪一位著名的设计师，曾在维也纳应用艺术大学（Application of the Vienna University of the Arts）学习。他的工作涉及陶瓷、室内设计、建筑、珠宝设计各领域。他的设计使得"维也纳作坊联盟"（Wiener Werkstätte）吸引了极大的关注，为百乐顺饼干厂赢得了无数的奖项，并于1904年在圣路易斯的世界博览会展出。

相关作品为0595号。

米斯·凡·德·罗，路德维希（1886-1969）
Mies van der Rohe, Ludwig

路德维希·米斯·凡·德·罗与格罗皮乌斯一样，在柏林取得资质后加入彼得·贝伦斯的建筑设计事务所。作为擅长使用现代材料从事创作的古典派，1926年至1937年间米斯负责斯图加特的白院聚落住宅开发区的规划和建造，并于1929年设计了巴塞罗那国际展的德式屋顶。1930年他接替汉内斯·迈耶担任包豪斯学校校长，同时还兼任建筑系主任。当德绍包豪斯关闭时，米斯在柏林以私立的方式重新办学并担任校长，直至该校于1933年关闭。米斯于1938年移居美国，在芝加哥伊利诺伊理工学院（Illinois Institute of Technology）执教。作为一位有影响力的家具设计师和建筑师，米斯在美国负责了西格拉姆大厦（Seagram Building）和休斯敦美术馆（Museum of Fine Arts, Houston）的设计。人们普遍认为米斯的信条是"少即是多"，坚决不在设计上加"没有意义的装饰"，形成了极简主义的风格特点。他1929年为巴塞罗那世博会设计的巴塞罗那椅将钢材与皮革结合起来，成为高贵的组合。

相关作品为0385号、1250号、2956号。

莫霍利－纳吉，拉兹洛（1895-1946）
Moholy-Nagy, László

莫霍利－纳吉生于匈牙利，被公认为构成主义的拥护者，但其在包豪斯教学期间，提倡一种介于大机器生产的工业化需求与人性之间合成的概念，即一种技术人文主义。

1923年，莫霍利－纳吉担任包豪斯金属工坊形式大师，还接任了部分基础课程。他创作的核心主题是光、运动、空间以及它们之间的关系，在教学上也教导学生观察与思考，把握线条、光影、空间等形式要素之间的关系。他还鼓励学生利用投影的造型，使其成为安排画面的一个因素。

1933年，包豪斯关闭，莫霍利－纳吉把包豪斯的理论和教学观念带到了美国，在芝加哥创办了一个"新包豪斯"（New Bauhaus），这就是后来的"芝加哥设计学院"（Chicago School of Design）。1946年，莫霍利－纳吉在完成了倾注其毕生心血的作品《运动中的视觉》（Vision in Motion）后去世，该著作直到今天还被奉为视觉文化的典范。

穆特修斯，赫尔曼（1986-1927）
Muthesius, Hermann

赫尔曼·穆特修斯是一位德国外交官，1896年被任命为德国驻伦敦大使馆的建筑专员，一直工作到1903年。在此期间，他不断地报告英国建筑的情况以及在手工艺及工业设计方面的进展。除此以外，他还对英国的住宅进行了大量调查研究，写成了三卷本的巨著《英国住宅》（The English House）并于返回德国不久后出版。穆特修斯为英国的实用主义所震动，特别是在家庭的布置方面。回国后他被任命为贸易局官员，负责应用艺术的教育，并管辖建筑和设计工作。1907年，德意志制造同盟在他的倡导下成立，他由于广泛的阅历和政府官员的地位等优势，对同盟产生了重大影响。对他来说，实用艺术（即设计）同时具有艺术、文化和经济的意义。他声称，建立一种国家的美学的手段就是确定一种"标准"，以形成"一种统一的审美趣味"。穆特修斯使用的术语是很有意思的。作为政府官员，他肯定了国家的技术标准体系。尽管两者侧重点不同，他强调的是文化和形式上的标准，但其原则和动机是很相似的。

奥布里奇，约瑟夫·马里亚（1867–1908）
Olbrich, Joseph Maria

约瑟夫·马里亚·奥布里奇出生在奥地利，之后在维也纳应用艺术大学学习。1893 年开始为奥托·瓦格纳工作，1897 年与古斯塔夫·克里姆特（Gustav Klimt）、约瑟夫·霍夫曼等人共同创建了分离派。奥布里奇为风格派设计的建筑成为其里程碑式的作品，后建造了格吕克特别墅（Gluckerhaus）作为 1901 年建筑展"德国艺术的证明"的一部分。该别墅以油画和花纹装饰的大厅常常被列入玛蒂尔德高地（Mathildenhoehe）艺术建筑群青春艺术风格之游的参观项目。奥布里奇受邀加入达姆施塔特艺术区，为艺术区设计了著名的金色展厅建筑，并设计了众多的日常用品。

相关作品为 3422 号。

拉姆斯，迪特（1932– ）
Rams, Dieter

迪特·拉姆斯是德国系统设计的奠基人之一。他和汉斯·古格洛特从 1955 年正式与博朗公司合作，他们为博朗公司做的录音机设计是最早的模数体系的系统设计。1961 年拉姆斯晋升为博朗首席设计师，一直到 1995 年仍留有这个头衔。他提出"少，却更好"（Less, but better，德文 Weniger, aber besser）的设计理念。他与他的设计团队为博朗设计出许多经典产品，包括著名的留声机 SK4 和高品质的 D 系列幻灯片投影机 D45、D46。

相关作品为 3635 号。

莱希，莉莉（1885–1947）
Reich, Lilly

莉莉·莱希是德国著名的现代主义女性设计师。她于 1912 年加入德意志制造同盟，并且是该组织管理层的第一个女性成员。1924 年至 1926 年，她在法兰克福贸易事务办公室从事组织和设计工作，因这份工作而结识了米斯·凡·德·罗，并与其有了长达十年的合作。1927 年，她负责斯图加特白院聚落项目的室内设计，并于 1929 年担任巴塞罗那世界博览会的艺术指导。她于 1932 年至 1933 年在包豪斯领导拆卸部和纺织工坊。在她的带领下，包豪斯举办过一次从三个纺织品图录中选出的作品展，这在包豪斯历史上是第一次也是最后一次。

相关作品为 2768 号。

里梅尔施密特，理查德（1868–1957）
Riemerschmid, Richard

理查德·里梅尔施密特是德意志制造同盟的创始人之一。1888 年至 1890 年在慕尼黑造型艺术学院学习美术，之后成为画家。1895 年，他为自己设计了住宅和室内陈设。他还为纽伦堡及慕尼黑等地的展览分别设计过海报、餐具柜、着色玻璃器具等。1897 年，他与赫尔曼·奥布里斯特（Hermann Obrist）等人一道成立了慕尼黑艺术手工艺联合会（Vereinigte Werkstatten fur KunstimHandwerk）并进行创新设计工作。自 1898 年始，他为他的工作室设计家具。他设计的用于音乐厅的橡木椅最初在 1899 年的德累斯顿展中展出。1905 年他为手工艺联合会设计的衣柜等家具采用了标准化的方法，被认为是系列产品，称为"机械家具"（Maschinemobel）。1907 年至 1913 年间，他着手规划了德国的第一个花园城市赫勒劳（Hellerau），在那里建造了许多艺术家工作室。

相关作品为 0465 号、2233 号。

任格－帕茨克，阿尔布雷希特（1897–1966）
Renger–Patzsch, Albrecht

阿尔布雷希特·任格－帕茨克是德国摄影师。他从 1923 年至 1924 年在柏林从事摄影工作，1926 年为独立工作的自由摄影师。1929 年底他迁居到埃森（Essen），并开办了自己的工作室。1930 年曾为纽伦堡的德国最大的摩托车生产商聪达普工厂拍摄作品。1933 年，他短期接替马克斯·布厦兹（Max Burchartz）在埃森弗尔克范格学院（Die Folkwangschule Essen）的摄影教职。同时，他也接受大量的工业拍摄委托，例如柏林格（Boehringer）、佩利坎（Pelikan）、舒伯特与泽尔策（Schubert & Salzer）以及哈克咖啡等公司的委托。

相关作品为 0934 号。

里特维尔德，格里特（1888–1964）
Rietveld, Gerrit

格里特·里特维尔德是荷兰著名的建筑与工业设计大师、荷兰风格派的重要代表人物。他是风格派最有影响的实干家之一，他将风格派艺术由平面推广到了三度空间，通过使用简洁的基本形式和三原色创造出了优美而具有良好功能性的建筑与家具，以一种实用的方式体现了风格派的艺术原则。

相关作品为 0148 号。

里特维格，奥托（1904–1965）
Rittweger, Otto

奥托·里特维格主要在魏玛和德绍的包豪斯金属工坊工作。1926 年开始，里特维格也设计创作广告字体。

相关作品为 2550 号。

容格，阿尔弗雷德（1881–1946）
Runge, Alfred

阿尔弗雷德·容格于 1903 年在不莱梅工艺学校学习，一年后与朋友艾都阿尔德·苏伯兰建立建筑公司，他最重要的建筑物在第一次世界大战后创建。

相关作品为 BAA 0198 号。

施莱默，奥斯卡（1888–1943）
Schlemmer, Oskar

奥斯卡·施莱默于 1920 年至 1929 年间在包豪斯任教，先后在石雕工坊和戏剧工坊担任形式大师，设计了包豪斯的校徽。他创造了"三人芭蕾"的舞蹈形式，构思并教授了一门"人"的课程。1929 年，他离开了德绍来到布雷斯劳学院（Breslau Academy），在那里他创作了他最著名的作品"包豪斯楼梯"（Bauhaustreppe）（藏于纽约现代艺术博物馆），随后于 1932 年来到柏林。纳粹上台后，施莱默被迫辞职，搬到瑞士边境。他的作品被列入纳粹的"堕落艺术展"（Entartete Kunst）。1943 年施莱默在巴登－巴登（Baden–Baden）去世。

相关作品为 1084 号。

塞非尔特，佛罗里安（1943– ）
Seiffert, Florian

佛罗里安·塞非尔特是著名的工业设计师，曾在埃森设计学校学习工业设计，后在美茵茨应用科技大学担任教授。1968 年至 1973 年在博朗工作，之后成为独立设计师。主要的设计是家用设备和剃须刀，其设计的出发点是联系情感的分析法。咖啡机 KF20 是他设计的里程碑。他于 1968 年获得第一届博朗设计奖。

相关作品为 4402 号。

斯特尔策，京塔（1897–1983）
Stölzl, Gunta

京塔·斯特尔策是德国纺织艺术家，对包豪斯纺织工坊的发展有着很重要的影响。她 1919 年进入包豪斯学习玻璃制作和壁画课程。1921 年她与马塞尔·布劳耶一起制作了一张"非洲椅"，她为布劳耶的设计添加了色彩鲜艳的织物。1927 年成为初级大师。作为包豪斯唯一的女性大师，她将现代艺术元素融入编织方法，尝试合成材料，提高了工作室的教学水平。在斯特尔策的教导下，纺织工坊事实上在与外界工业联系这方面取得最出色的成就：1930 年，包豪斯纺织工坊与柏林波利纺织公司(Polytex)建立起联系，后者将纺织工坊的设计投入生产和销售。1931 年她因政治原因被解雇，回到苏黎世，建立了私人手工编织工作室。

图佩尔，沃尔夫冈（1903–1978）
Tümpel, Wolfgang

沃尔夫冈·图佩尔于 1922 年进入魏玛包豪斯，师从约翰内斯·伊顿（Johannes Itten）、保罗·克利（Paul Klee）和瑙姆·斯卢茨基（Naum Slutzky），他一直致力于用"有效的形式"将设计和工业大生产结合起来。他在 1924 年进入金属工坊跟随克里斯蒂安·戴尔（Christian Dell）和拉兹洛·莫霍利－纳吉学习，同时也和奥斯卡·施莱默的戏剧工坊保持合作。魏玛包豪斯关闭后，他没有随学校迁往德绍市，而是跟随格哈德·马克斯到了哈勒市（Halle）继续学习银匠技术。1927 年沃尔夫冈成立自己的第一个工坊，从事器皿、首饰和灯具的设计和制造，真正实践了他的"现代但不时髦"的设计理念。他凭借兼具优雅和功能的设计屡获大奖。1939 年他通过了德意志制造同盟的手工艺大师的认证考试。他晚年在汉堡造型艺术学院教授金属类课程。

相关作品为 0332 号、0450 号。

维尔德，亨利·凡·德（1863–1957）
Velde, Henry van de

亨利·凡·德·维尔德是比利时画家、建筑师、设计师和理论家。他与布鲁塞尔"先锋派"（the avant-garde）关系密切，属于新印象派绘画风格，后采用新艺术运动风格设计物品、建筑，成为该风格初期最具影响力的实践者。1900 年至 1901 年期间，他在柏林从事室内设计，1902 年移居魏玛成为工艺与工业设计顾问，并在此创立了魏玛工艺美术学校。后来该学校与美术学院（Großherzoglich Sächsische Kunstschule Weimar，凡·德·维尔德设计了这两所学校的校舍）合并为国立包豪斯学校。

相关作品为 1686 号、0435 号。

华根菲尔德，威廉（1900–1990）
Wagenfeld, Wilhelm

威廉·华根菲尔德曾为包豪斯学生，"包豪斯之灯"是其成名作。1923 年他开始在拉兹洛·莫霍利－纳吉的指导下在包豪斯金属工坊学习，正是在这里他与玛丽安娜·布兰特合作并在包豪斯搬到德绍后成为金属工坊的领导者。1933 年许多包豪斯人被迫离开德国之后，华根菲尔德还继续他的工作，并在柏林艺术大学任教。他为耶拿玻璃制造公司进行了一系列关于压制玻璃的实验，在 1930 年代末设计的防火碗风靡了整个德国。第二次世界大战之后，他将专业标准与过去的成功相结合，开始为卢臣泰公司与博朗公司工作，设计了卓越的实用主义产品。

相关作品为 0609 号、2959 号、1422 号。

瓦格纳，奥托（1841–1918）
Wagner, Otto

奥托·瓦格纳是奥地利（奥匈帝国）建筑师和城市规划师，同时也是设计教育家。他曾与一些德国公司如托内特公司合作。他的大量建筑作品改变了其家乡维也纳的城市风貌，代表了 19 世纪末维也纳建筑界的革新与探索。他的作品和建筑理念对后世产生了深远的影响。他曾担任维也纳美术学院（Akademie der bildenden Künste Wien）建筑系教授，同时也是著名艺术与设计团体"维也纳分离派"的代表人物之一。

相关作品为 4433 号。

茨瓦特，皮埃特（1885–1977）
Zwart, Piet

皮埃特·茨瓦特是荷兰的摄影师、平面设计师和工业设计师。茨瓦特早年学习建筑艺术，后通过自学成为现代字体排版设计的先驱。他的设计深受构成主义、风格派和达达主义的影响。他努力在传统平面设计风格和先锋派中找到平衡点，并努力把达达主义和构成主义这两个看似完全对立的现代艺术风格结合起来。他的设计基础依然与"风格派"相似，采用纵横的结构形式。但是，他却不完全循规蹈矩地依照纵横编排方式，而是利用跳跃编排的文字，大小交错或者倾斜编排，来打破刻板的"风格派"方式。1926 年，他开始将摄影运用到平面设计。茨瓦特的设计理念和方法与德绍时期的包豪斯极为相似，因此在 1929 年，他接受邀请前往包豪斯授课。

相关作品为 1282 号。

1. 收藏家托斯腾·布洛汉（Torsten Bröhan）
2. 收藏家托斯腾·布洛汉向中国美术学院院长许江
   先生展示藏品（柏林）

2010 年，在杭州市人民政府的大力支持下，中国美术学院开始拥有了"以包豪斯为核心的欧洲近现代设计"原作收藏。藏品涵盖了 20 世纪之初到第一次世界大战、德意志制造同盟、包豪斯与德国现代设计教育、荷兰风格派与荷兰设计、国际主义风格设计、二战后设计、当代设计及其他各类设计。■

这批收藏来源于德国著名收藏家托斯腾·布洛汉（Torsten Bröhan）。布洛汉家族是德国著名的收藏世家，收藏有从 19 世纪初以来的艺术、手工艺和设计作品。布洛汉家族在德国柏林建立了布洛汉博物馆（Bröhan Museum），藏有新艺术运动、装饰艺术和柏林分离派的经典作品，馆内的玻璃器、陶器、银器、家具、地毯、灯具等设计作品与同时期的绘画雕塑等纯艺术作品结合展示，还原了 19 世纪和 20 世纪艺术与设计的总体面貌。1994 年布洛汉博物馆被德国政府设为国家级博物馆。而布洛汉个人则以现代设计收藏著称，曾为世界上 50 多家博物馆提供藏品。布洛汉设计收藏的系统性与学术性几乎影响了现代设计史的书写。德国的伊门豪森玻璃博物馆（the Glasmuseum Immenhausen）、西班牙的装饰艺术国家博物馆（Museo Nacional de Artes Decorativas）、日本的三泽包豪斯博物馆（Collection Misawa home）和宇都宫市立博物馆（Utsonomiya Minicipal Museum）的收藏几乎全部来自布洛汉。同时，浙江省人民政府支持建设中国国际设计博物馆新馆，并由 1992 年普利兹克奖得主阿尔瓦罗·西扎（Álvaro Siza）主持博物馆的建筑设计，新馆坐落在中国美术学院象山校区，计划 2016 年建成。■

图书在版编目（CIP）数据

从制造到设计：20世纪德国设计 / 杭间，冯博一主编．
-- 济南：山东美术出版社，2014.9
（中国设计与世界设计研究大系．中国国际设计博物馆馆藏系列）
ISBN 978-7-5330-5349-9

Ⅰ．①从… Ⅱ．①杭… ②冯… Ⅲ．①工业设计－作品集－德国－现代 Ⅳ．① TB47

中国版本图书馆 CIP 数据核字 (2014) 第 197391 号

主　　编：杭　间　冯博一
执行编辑：张春艳　王　洋　苟娴煦
特邀编辑：汪建军　汪　芸
编辑助理：高　原　张　钫　周向力　张晓霞　闫丽丽
德文翻译：汪建军　林小发　刘　铭　姜　俊　胡　方　朱　夏
英文翻译：汪　芸　那瑞洁
书籍设计：袁由敏　隋焕臣
版面制作：九月九号设计
摄　　影：薛华克

策　　划：王长春　王　恺　李　晋
责任编辑：韩　芳　郭征南
主管单位：山东出版传媒股份有限公司
出版发行：山东美术出版社
　　　　　济南市胜利大街 39 号（邮编：250001）
　　　　　http://www.sdmspub.com
　　　　　E-mail:sdmscbs@163.com
　　　　　电话：(0531) 82098268　传真：(0531) 82066185
　　　　　山东美术出版社发行部
　　　　　济南市胜利大街 39 号（邮编：250001）
　　　　　电话：(0531) 86193019　86193028
制　　版：浙江雅昌文化发展有限公司
印　　刷：上海雅昌艺术印刷有限公司
开　　本：889mm × 1194mm　16 开　13 印张
版　　次：2014 年 9 月第 1 版　2014 年 9 月第 1 次印刷
定　　价：158.00 元